高等学校大学计算机课程系列教材

U0645658

Java 程序设计实践指导

微课版

覃遵跃　编著

清华大学出版社

北京

内 容 简 介

本书是为指导学生进行 Java 语言项目实践而编写的，也是首批国家级混合式一流本科课程"Java 程序设计Ⅰ"的配套教材，旨在通过一系列精心设计的项目案例，帮助学生深入理解和掌握 Java 的核心知识，着力培养学生面对实际问题的分析能力、建模能力及运用 Java 技术构建软件系统的实践能力。

全书共 9 章，涵盖流程控制、数组、方法、异常处理、输入/输出、集合、图形用户界面、JDBC 编程和多线程等内容，每章均遵循知识简介引领、实践目的明确、实践范例示范、注意事项提醒及实践任务强化的科学编排，确保学习路径既系统又高效。书中选取的实践范例与任务均源自真实世界的应用场景，使学习更加贴近实战，学以致用。此外，本书还巧妙融入丰富的思政元素，让学生在探索专业技术的同时，无形中接受思想政治教育，以此实现知识传授与价值引领双重目标。

本书重点突出、结构严谨、内容精练，是广大 Java 初学者提升编程实践能力的佳选，尤为适合高等院校及培训机构相关专业师生的教学实践参考。

图书在版编目（CIP）数据

Java 程序设计实践指导：微课版 / 覃遵跃编著. -- 北京：清华大学出版社，2025.8.
（高等学校大学计算机课程系列教材）. -- ISBN 978-7-302-69770-1

Ⅰ. TP312.8

中国国家版本馆 CIP 数据核字第 2025KK3015 号

责任编辑：苏东方
封面设计：刘 键
责任校对：刘惠林
责任印制：曹婉颖

出版发行：清华大学出版社
 网 址：https://www.tup.com.cn，https://www.wqxuetang.com
 地 址：北京清华大学学研大厦 A 座 **邮 编**：100084
 社 总 机：010-83470000 **邮 购**：010-62786544
 投稿与读者服务：010-62776969，c-service@tup.tsinghua.edu.cn
 质量反馈：010-62772015，zhiliang@tup.tsinghua.edu.cn
 课件下载：https://www.tup.com.cn，010-83470236
印 装 者：三河市天利华印刷装订有限公司
经 销：全国新华书店
开 本：185mm×260mm **印 张**：10.5 **字 数**：259 千字
版 次：2025 年 8 月第 1 版 **印 次**：2025 年 8 月第 1 次印刷
定 价：39.00 元

产品编号：102210-01

前　　言

在日新月异的信息时代,编程语言是连接人类世界与计算机世界的桥梁,Java自1995年诞生以来,凭借"一次编写,处处运行"理念、强大的跨平台能力、丰富的API库以及卓越的性能迅速成为全球最受欢迎的编程语言之一。无论是企业级应用开发、Android移动应用开发、大数据处理、云计算平台构建,还是物联网、游戏开发等领域,Java都展现出了独特的魅力和广泛的应用前景。大部分高校将Java作为学生学习面向对象编程技术的入门语言。

本书旨在通过一系列精心设计的实践项目与案例,引导读者从Java基础出发,逐步深入面向对象编程的核心概念、异常处理、集合、输入/输出、GUI开发、数据库操作和多线程编程等重点知识。本书注重理论与实践相结合,每章均包含简要的理论知识讲解、实践目的、实践范例和实践任务等。其中,实践范例来自生活实际并经过改造,包括任务描述、任务分析、编码实现和运行测试等环节,旨在通过项目实践帮助读者在具体实践中加深对Java的理解,提升编程技能。

本书是深入学习Java编程、提升实战技能的理想选择。

由于作者水平有限,书中难免存在纰漏,敬请读者批评指正。

覃遵跃

2025 年 7 月

目　　录

第 1 章　流程控制

1.1　知 识 简 介

计算机执行程序时,不会总是顺序执行所有语句,经常出现执行了某条语句之后不会顺序执行下一条语句,而是执行其他位置语句的情况,也可能存在需反复执行某个语句块的情况,这两种情况需要流程控制语句完成。所有高级编程语言如 Java、C、Python 等都提供流程控制语句,它控制程序中各语句的执行顺序,改变程序执行流程。

Java 提供选择、开关、循环和跳转 4 种流程控制语句。选择语句包括 if、if-else、if-else if-else 3 种,计算机根据判断条件结果选择执行的语句。例如,开车之前判断是否喝酒,如果喝酒则不能驾车;大学毕业后,根据专业和自己理想可以选择支援边疆、建设美丽乡村、参加国防建设,也可以选择继续深造攻读硕士研究生。

if-else if-else 的语法格式如下。

```
if (条件 1) {
    //如果条件 1 为真,执行该代码
} else if (条件 2) {
    //如果条件 1 为假,但条件 2 为真,执行该代码
} else if (条件 3) {
    //如果条件 1 和条件 2 都为假,但条件 3 为真,执行该代码
} else {
    //如果所有条件都为假,则执行该代码
}
```

switch 开关语句是一种多路选择结构,能根据不同表达式的值执行不同的代码块。从 Java 7 开始,switch 语句支持字符串类型。例如,根据文学作品名输出作者和内容。switch 的语法格式如下。

```
switch (expression) {
    case value1:
        //如果 expression 的值等于 value1,则执行这里的代码
        break;
    case value2:
        //如果 expression 的值等于 value2,则执行这里的代码
        break;
    //可以有多个 case 语句
    default:
        //如果 expression 的值与所有 case 都不匹配,则执行这里的代码
        break;
}
```

循环语句包括 for、while 和 do-while 三种,在满足条件下计算机能反复执行某些语句,例如某抽奖活动的奖票箱有若干奖票,参与人员轮流从票箱中抽出一张奖票。for 语句语法格式如下。

```
for (initialization; condition; iteration) {
    //循环体
}
```

initialization:初始化步骤,用于声明并初始化一个循环控制变量。这一步只会在循环开始之前执行一次。

condition:循环条件,每次循环迭代前都会检查这个条件。如果条件为真(true),则执行循环体;如果条件为假(false),则循环结束。

iteration:迭代步骤,每次循环体执行完毕后都会执行这个步骤,用于更新循环控制变量的值。

跳转语句包括 continue、break 和 return。continue 在循环语句中使用,它使程序跳转到循环语句的开始处;break 在循环语句和 switch 语句中使用,它使程序跳出循环语句和 switch 语句,执行它们的下一条语句;return 语句使程序跳出当前方法(函数),返回至调用该方法(函数)处。

1.2　实　践　目　的

通过项目实践,加深读者对选择、开关、循环和跳转等流程控制语句的语法结构和执行流程的理解,培养读者针对实际问题能选择合适的流程控制语句,并运用它们解决这些问题的能力。

1.3　实　践　范　例

1.3.1　范例 1　酒驾整治问题

1. 范例描述

为加强交通安全管控,预防和减少交通事故,保障群众出行安全,某交警支队开展交通秩序专项整治行动,在某路段开展酒驾整治。机动车经过该路段时,停车之后驾驶人员通过呼气方式接受酒精含量检测,如果酒精含量检测仪发出报警信息,说明驾驶人员饮酒开车,需要进一步做血液酒精含量检测;否则放行通过。要求采用 if-else 语句,输入酒精含量,输出处理结果。

2. 范例分析

交通警察通过酒精含量检测仪检测驾驶人员的呼出气体,如果呼出气体含有酒精,检测仪显示红色报警信息,否则检测仪显示绿色信息。if-else 语句如下。

```
if(呼出气体含酒精){
    //显示红色报警信息,驾驶人员下车接受进一步检测
```

```
    }
    else{
        //显示绿色信息,驾驶人员开车通过
    }
```

3. 范例代码

```
public class Exp1 {
    public static void main(String[] args) {
        double alcohol=10;                    //酒精含量
        String msg;
        if(alcohol>0) {
            msg="酒精含量"+alcohol+",呼出气体含酒精,请下车接受检测!";
        }else {
            msg="呼出气体没有酒精,放行通过!";
        }
        System.out.println(msg);
    }
}
```

4. 运行结果

(1) 酒精含量 alcohol＝10 的输出结果如图 1-1 所示。

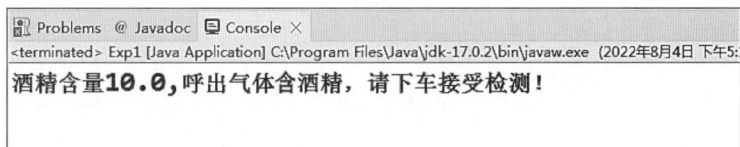

图 1-1　呼出气体含有酒精

(2) 酒精含量 alcohol＝0 的输出结果如图 1-2 所示。

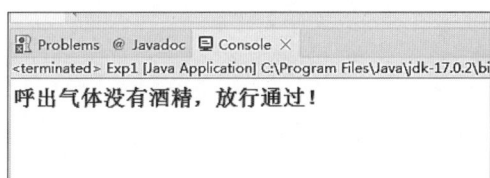

图 1-2　呼出气体没有酒精

1.3.2　范例 2　诗词问题

1. 范例描述

上学时老师经常提问,老师讲一个古诗名,然后要求学生回答作者是谁并背诵。例如,老师讲"春望",学生回答"杜甫作诗,国破山河在,城春草木深……"。要求使用 switch 语句,输入作品名,输出作者和内容。

2. 范例分析

老师提出诗词名后,学生回答诗词作者和内容。每个诗词名对应唯一的作者和内容,使用 switch 开关语句对诗词名进行匹配,每个分支 case 是作者和诗词内容。switch 语句如下。

```
switch(诗词名){
    case "春望":                              //输出作者和诗词内容;break;
    case "沁园春·雪":                          //输出作者和诗词内容;break;
    ……
    default:
    //给出没有找到对应诗词信息;
}
```

3. 范例代码

```
public class CaseMain {
    public static void main(String[] args) {
        String name = "沁园春·雪";                //诗词名
        String content;                          //诗词内容
        switch (name) {//开关语句,根据诗词明确作者和内容
        case "沁园春·雪":
            content = "作者 毛泽东\n北国风光 千里冰封……";
            break;
        case "春望":
            content = " 作者 杜甫\n国破山河在 城春草木深……";
            break;
        case "南乡子·登京口北固亭有怀":
            content = "作者 辛弃疾\n何处望神州……";
            break;
        default:
            content = "没有找到对应的诗词!";
        }
        System.out.println(name);
        System.out.println(content);
    }
}
```

4. 运行结果

（1）诗词名 name ＝ "沁园春·雪"的运行结果如图 1-3 所示。

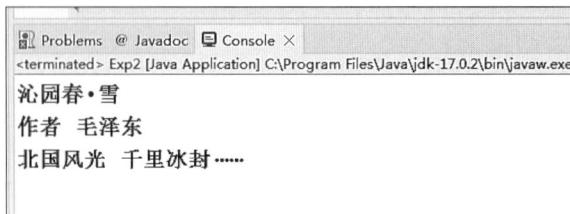

图 1-3　诗词名"沁园春·雪"的运行结果

（2）诗词名 name ＝ "题竹石"的运行结果如图 1-4 所示。

图 1-4 诗词名"题竹石"的运行结果

1.3.3 范例 3 猜数字游戏

1. 范例描述

为活跃课堂气氛,数学老师开展猜数字游戏,老师在黑板上写一个 10 以内的自然数,然后请学生猜,每个学生猜 5 次,如果猜中得到一颗水果糖。请编写程序统计班级有多少人猜中。

2. 范例分析

老师写一个 10 以内的自然数,如果学生在 5 次内猜中奖励一颗水果糖,统计发了多少颗水果糖。使用一个随机数模拟老师写的自然数 X,产生班级学生人数的随机数;每产生一个代表老师写的自然数的随机数 X,产生最多 5 个随机数代表学生猜的数字 Y,如果这 5 个随机数 Y 中有一个与 X 相等,表示猜中并奖励一颗水果糖。该范例使用 for 语句如下。

```
for(i=1;i<=班级人数;i++){
    产生一个随机数 X;
    do{
        j=1;                                    //猜的次数
        产生一个随机数 Y;
        如果 X 等于 Y,奖励一颗水果糖,猜中学生数增加 1,break 退出 do 循环;
        j++;
    }while(j<=5);                               //猜的次数等于 5 时,不能继续猜
}//结束 for 循环
```

3. 范例代码

```
public class Exp3 {
    public static void main(String[] args) {
    int number = 50;                            //班级人数
    int lucky = 0;                              //幸运者人数
    int guessCount;                             //记录学生猜的次数
    for (int i = 1; i <= number; i++) {
      int ran = new Random().nextInt(10);       //老师写的自然数
      guessCount = 0;                           //猜的次数初始值 0
      do {
        int guessRan = new Random().nextInt(10); //猜的自然数
        if (guessRan == ran) {                  //猜的自然数等于老师写的自然数
          lucky++;                              //幸运者增加 1 个人
```

```
        break;                                      //退出 do 循环
    }
    guessCount++;                                   //猜的次数增加 1 次
} while (guessCount < 5);
}
System.out.println("共" + lucky + "名幸运者能吃水果糖!");
}
}
```

4. 运行结果

班级人数 number = 50 的一种运行结果如图 1-5 所示。

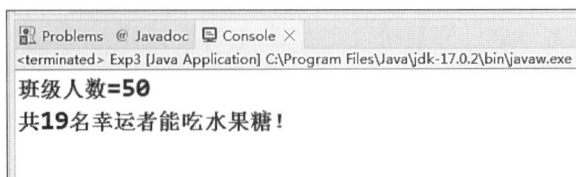

```
 Problems  @ Javadoc   Console ✕
<terminated> Exp3 [Java Application] C:\Program Files\Java\jdk-17.0.2\bin\javaw.exe
班级人数=50
共19名幸运者能吃水果糖!
```

图 1-5　猜数字游戏的一种运行结果

1.4　注　意　事　项

（1）使用 switch(变量表达式)开关语句时,变量表达式可以是 byte、short、int、char 和 String 等,但不能是 float 和 double,每个 case 语句块的最后一条语句 break 退出该 switch。
（2）循环语句之间可以嵌套,循环语句内的 break 仅退出当前循环语句。

1.5　实　践　任　务

任务　抽奖问题

某公司年终举行庆功总结大会,其中一个节目是抽奖活动,每人抽取一张奖票,奖票上写明一个 100 以内的自然数,如果该自然数能同时被 2、3、5 整除就是一等奖,仅能同时被 2、3 整除为二等奖,仅能被 5 整除为三等奖,否则不能获奖。如果公司有 200 人,使用 100 以内的随机整数模拟奖票上的数字,分别计算有多少人获得一、二、三等奖。

第2章 数　　组

2.1　知识简介

计算机程序常常处理类型相同的若干数据,例如,二十四节气是 24 个字符串、学生成绩表的每行记录了某个学生成绩等,Java 提供数组存储数据类型相同的若干数据。数组是一个固定长度的存储相同数据类型的数据结构。Java 提供一维数组和多维数组(二维数组及以上维度)。

一维数组的每个元素只有一个下标,如下代码定义了一维字符串数组,保存 24 个节气。常量 solarTerms.length(＝24)保存一维数组 solarTerms 的元素个数。

```
String []solarTerms=
        {"立春","雨水","惊蛰","春分","清明","谷雨","立夏","小满"
        ,"芒种","夏至","小暑","大暑","立秋","处暑","白露","秋分"
        ,"寒露","霜降","立冬","小雪","大雪","冬至","小寒","大寒"};
```

与 C 语言提供的多维规则数组不同,Java 的多维数组可以是不规则的,即同一维度的元素个数可能不同。如下代码段,第 1 维度 achievement 有 4 个元素(achievement.length 的值等于 4),第 2 维度的 achievement[0]有 3 个元素(achievement[0].length 的值等于 3)、achievement[1]有 5 个元素(achievement[1].length 的值等于 5)、achievement[2]有 2 个元素(achievement[2].length 的值等于 2)、achievement[3]有 6 个元素(achievement[3].length 的值等于 6)。

```
double [][]achievement=new double[4][];
achievement[0]=new double[3];
achievement[1]=new double[5];
achievement[2]=new double[2];
achievement[3]=new double[6];
for(int i=0;i<achievement.length;i++) {       //遍历二维数组
    for(int j=0;j<achievement[i].length;j++) {
        System.out.println(achievement[i][j]);
    }
}
```

遍历数组是数组的基本算法,遍历多维数组时,使用 length 函数取得数组元素个数。

2.2　实践目的

通过项目实践,加深读者对 Java 数组的定义、初始化以及遍历算法等的理解,培养读者针对实际问题抽象出数组结构并解决实际问题的能力。

2.3 实践范例

2.3.1 范例 1 国之重器问题

1. 范例描述

1949 年新中国成立之后,中国共产党带领全国人民经过 70 多年的不懈奋斗,使工业制造在一穷二白的基础上取得了伟大成就,代表性成果包括原子弹、氢弹、导弹、北斗卫星导航系统、中国高速铁路、天宫空间站、C919 飞机、蛟龙号载人潜水器、鸿蒙操作系统、华为麒麟芯片、5G 技术、超级计算机等。

要求使用一维数组保存具有代表性的工业制造成果,按照每行 3 个元素输出。

2. 范例分析

新中国成立后,工业制造有诸多伟大成就,需要使用 String 数组保存这些代表性成果。为达到每行输出 3 个元素的目标,当输出元素个数是 3 的倍数时输出换行。该例的关键代码如下。

```
String []manufacture= {"原子弹","氢弹","导弹","北斗卫星导航系统",……};//保存成就
for(循环控制) {
    输出一个元素,并记录输出元素数量;
    当输出元素数量是 3 的倍数时,输出换行;
}
```

3. 范例代码

```
//国之重器问题
public class Exp01 {
    public static void main(String[] args) {
        String []manufacture= {"原子弹","氢弹","导弹","北斗卫星导航系统","中国高速铁路"
                ,"天宫空间站"," C919飞机","蛟龙号载人潜水器","鸿蒙操作系统"
                ,"华为麒麟芯片","5G技术","超级计算机"};
        for(int i=1;i<=manufacture.length;i++) {
            System.out.print(manufacture[i-1]+"--☆--");
            if(0==i%3)                        //换行
                System.out.println();
        }
    }
}
```

4. 运行结果

国之重器问题的一种运行结果如图 2-1 所示。

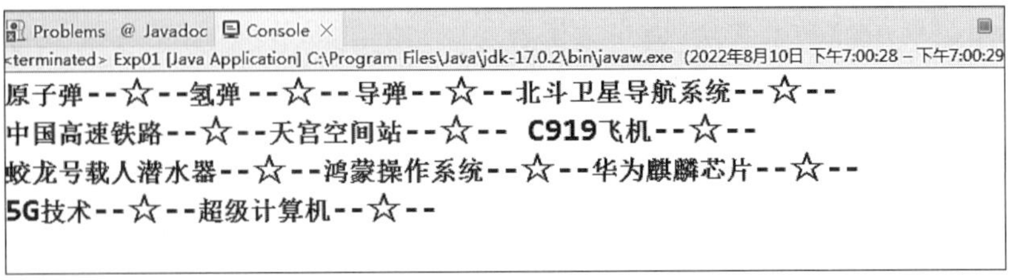

图 2-1 国之重器问题的运行结果

2.3.2 范例 2 GDP 问题

1. 范例描述

2000 年和 2021 年的全球 GDP 总量分别为 33.276 万亿美元、96.1 万亿美元。表 2-1 列出了 2000 年和 2021 年世界部分国家的 GDP。请完成如下任务。

（1）分别统计 2000 年和 2021 年每个国家 GDP 占全球 GDP 的比重，输出 GDP 比重最高的国家。

（2）计算每个国家 2021 年相比 2000 年 GDP 增加倍数，输出增加倍数最大的国家。

要求使用一维数组存储国家名、二维数组存储每个国家 2000 年和 2021 年的 GDP。

表 2-1 2000 年、2021 年世界部分国家的 GDP

序号	国 家 名	2000 年	2021 年
1	美国	10.28	22.99
2	中国	1.21	17.72
3	日本	4.88	4.93
4	德国	1.95	4.21
5	法国	1.37	2.93
6	英国	1.63	3.19
7	印度	0.47	3.08
8	巴西	0.65	1.6
9	俄罗斯	0.28	1.78
10	韩国	0.58	1.8

2. 范例分析

已知 2000 年和 2021 年世界部分国家的 GDP，表 2-1 包含国家名和国家的 GDP，用一维的 String 数组保存国家名，用二维的 double 数组保存国家 GDP，并要求国家名的一维数组的下标与国家 GDP 的二维数组行下标对应。如下代码段，country 保存国家名，gdp 保存国家 GDP 数据，country[0]保存"美国"，gdp[0]保存"美国"的 GDP 数据。

```
String []country= {"美国","中国","日本","德国","法国",……};
double [][]gdp= {{10.28,22.99},{1.21,17.72},{4.88,4.93},……};
```

（1）使用两个一维的 double 数组分别保存 2000 年和 2021 年每个国家 GDP 占全球 GDP 的比重，输出 GDP 比重最高的国家。

```
//-----(1)统计 2000 年、2021 年国家 GDP 占比
for(int i=0;i<gdp.length;i++) {                //计算每个国家的 GDP 占比
    proportion2000[i]=gdp[i][0]/globalGDP2000 * 100;
    proportion2021[i]=gdp[i][1]/globalGDP2021 * 100;
}
```

在输出 GDP 比重最高国家前,需要从 proportion2000(或 proportion2021)找出最大元素 max,并记录元素下标 maxIndex,然后通过 country[maxIndex] 输出国家名。

（2）使用两个一维的 double 数组保存每个国家 2021 年相比 2000 年 GDP 增加倍数,输出增加倍数最大的国家。使用 maxMultiple 记录最大倍数,使用 maxMultipleIndex 记录最大倍数索引。

```java
for(int i=0;i<gdp.length;i++) {
    if(maxMultiple<gdp[i][1]/gdp[i][0]) {
        maxMultiple=gdp[i][1]/gdp[i][0];
        maxMultipleIndex=i;                      //记录最大倍数的索引
    }
    System.out.println("国家名:"+country[i]+"增加倍数:"+gdp[i][1]/gdp[i][0]);
}
```

3. 范例代码

```java
//GDP 问题
public class Exp02 {
    public static void main(String[] args) {
        String []country= {"美国","中国","日本","德国","法国","英国"
                ,"印度","巴西","俄罗斯","韩国"};
        double [][]gdp= {{10.28,22.99},{1.21,17.72},{4.88,4.93},{1.95,4.21}
                ,{1.37,2.93},{1.63,3.19},{0.47,3.08},{0.65,1.6},{0.28,1.78}
                ,{0.58,1.8}};
        double globalGDP2000=33.276,globalGDP2021=96.1;
        double []proportion2000=new double[10];     //2000 年 GDP 占比
        double []proportion2021=new double[10];     //2021 年 GDP 占比
//      double []multiple=new double[10];           //2021 年相比 2000 年增加倍数
        //-----(1)统计 2000 年、2021 年国家 GDP 占比
        for(int i=0;i<gdp.length;i++) {             //计算每个国家的 GDP 占比
            proportion2000[i]=gdp[i][0]/globalGDP2000 * 100;
            proportion2021[i]=gdp[i][1]/globalGDP2021 * 100;
        }
        //-----(2)计算 2000 年国家 GDP 占比最大值,并输出所有国家 GDP 占比
        System.out.println("计算 2000 年国家 GDP 占比最大值,并输出所有国家 GDP 占比");
        double max2000=-1;                          //初始化 GDP 占比最大值
        int maxIndex2000=-1;                        //初始化 GDP 占比最大值序号
        for(int i=0;i<country.length;i++) {
            if(max2000<proportion2000[i]) {
                maxIndex2000=i;
                max2000=proportion2000[i];
            }
            System.out.println("国家名:"+country[i]+"占比:"+proportion2000[i]);
        }
        System.out.println("2000 年占比最大国家:"+country[maxIndex2000]
                +",占比:"+proportion2000[maxIndex2000]);

        //-----(3)计算 2021 年国家 GDP 占比最大值,并输出所有国家 GDP 占比
        System.out.println("\t 计算 2021 年国家 GDP 占比最大值,并输出所有国家 GDP 占比");
```

```
    double max2021=-1;                          //初始化 GDP 占比最大值
    int maxIndex2021=-1;                        //初始化 GDP 占比最大值序号
    System.out.println("2021 年国家占比:");

    for(int i=0;i<country.length;i++) {
        if(max2021<proportion2021[i]) {
            maxIndex2021=i;
            max2021=proportion2021[i];
        }
        System.out.println(" 国 家 名:"+country[i]+" 占比:"+proportion2021[i]);
    }
    System.out.println("2021 年占比最大国家:"+country[maxIndex2021]
                    +",占比:"+proportion2021[maxIndex2021]);

    //-----(4)计算 2021 年相比 2000 年增加倍数,取出最大倍数国家信息

    System.out.println("\t----计算 2021 年相比 2000 年增加倍数,取出最大倍数国
家信息----");
    double maxMultiple=-1;
    int maxMultipleIndex=-1;                    //最大倍数索引
    for(int i=0;i<gdp.length;i++) {
        if(maxMultiple<gdp[i][1]/gdp[i][0]) {
            maxMultiple=gdp[i][1]/gdp[i][0];
            maxMultipleIndex=i;                 //记录最大倍数的索引
        }
        System.out.println(" 国 家 名:"+country[i]+" 增加倍数:"+gdp[i][1]/
gdp[i][0]);
    }
    System.out.println("2021 年相比 2000 年增加倍数最大的国家:"+country
[maxMultipleIndex]
                    +",倍数是:"+maxMultiple);
    }
}
```

4. 运行结果

GDP 问题的运行结果如图 2-2(a)、图 2-2(b)所示。

```
      ---计算2021年国家GDP占比最大值,并输出所有国家GDP占比
2021年国家占比:
国家名:美国 占比:23.92299687825182
国家名:中国 占比:18.439125910509883
国家名:日本 占比:5.1300728407908425
国家名:德国 占比:4.380853277835588
国家名:法国 占比:3.048907388137357
国家名:英国 占比:3.3194588969823102
国家名:印度 占比:3.204994797086368
国家名:巴西 占比:1.664932362122789
国家名:俄罗斯 占比:1.8522372528616025
国家名:韩国 占比:1.8730489073881376
2021年占比最大国家:美国,占比:23.92299687825182
```

(a) GDP问题的运行结果1

图 2-2　GDP 问题

```
----计算2021年相比2000年增加倍数，取出最大倍数国家信息----
国家名：美国 增加倍数：2.2363813229571985
国家名：中国 增加倍数：14.644628099173554
国家名：日本 增加倍数：1.0102459016393441
国家名：德国 增加倍数：2.158974358974359
国家名：法国 增加倍数：2.1386861313868613
国家名：英国 增加倍数：1.9570552147239264
国家名：印度 增加倍数：6.553191489361702
国家名：巴西 增加倍数：2.4615384615384617
国家名：俄罗斯 增加倍数：6.357142857142857
国家名：韩国 增加倍数：3.1034482758620694
2021年相比2000年增加倍数最大的国家：中国，倍数是：14.644628099173554
```

(b) GDP问题的运行结果2

图 2-2　（续）

2.4　注　意　事　项

（1）遍历数组时，使用"数据组名.length"控制循环变量，不要使用整型常量。如下代码段，manufacture.length 控制循环变量，当数组 manufacture 长度改变时，不需要改变 for 语句。

```
for(int i=1;i<=manufacture.length;i++) {
    System.out.print(manufacture[i-1]+"--☆--");
        if(0==i%3)                              //换行
            System.out.println();
}
```

（2）使用值初始化二维数组时，语法格式如下，内部花括号的数量是二维数组的行的数量，内部花括号中的变量个数是某行列的个数。

```
数组名 [][]={{变量1,变量2,……,变量n},{},{},……};
```

2.5　实　践　任　务

任务　代码量问题

衡量编程人员编程能力的一个重要指标是有效代码量，如果该数据越大说明编程人员的编程能力越强，编程经验越丰富。表 2-2 列出了程序员代码量，请完成如下任务。

（1）统计每个程序员完成的总代码量，找出完成最多和最少代码量的程序员。

（2）计算每种代码量的平均值。

表 2-2　程序员代码量

序号	C 语言代码量	Java 语言代码量	数据结构代码量	Java Web 代码量	其他代码量
1	8000	12000	6000	20000	10000
2	6000	9000	3000	15000	8000
3	7500	8000	8000	25000	9000
4	12000	10000	9000	18000	8000

第 3 章 方　　法

3.1　知 识 简 介

将完成特定功能的代码块组织成一个整体,该代码块的名称为方法名,使用方法名能反复调用该代码块,实现代码复用。Java 所有方法属于某个类,例如,Random 类的 nextInt( )方法用于产生随机正整数,String 类的 equalsIgnoreCase( )方法的作用是在比较两个字符串时忽略大小写。

Java 方法包括返回类型、方法名和方法形参 3 个要素,分为普通方法、重载方法和形参长度可变方法 3 种情况。普通方法指一个类中的某个方法与其他方法不同名,有固定个数的形参;重载方法指一个类中的若干方法同名,但方法的形参列表不同;形参长度可变方法指不能确定形参个数的方法,该方法的最后一个形参才能指定长度可变。

定义方法后,通过调用该方法完成预定任务,调用方法时需要向方法输入实参。调用形参长度可变方法时,Java 虚拟机把多个实参解析为数组,然后将其传入给形参。

如下代码包含了普通方法、重载方法和形参长度可变方法的定义与调用。

```java
public class Temp {
    void display(String msg, int x) {     }        //普通方法
    void show(int x, int y) {}                      //重载方法
    void show(int x, int y, int z) {}               //重载方法
    void show(String x, int y) {}                   //重载方法
    void print(int x, String ...msg) {}             //形参长度可变方法
    void call() {
        display("中国梦", 1921);                      //调用普通方法
        show(1, 2);                                  //调用重载方法
        show(1, 2, 3);                               //调用重载方法
        show("1", 2);                                //调用重载方法
        print(1, "艰苦奋斗", "自力更生", "努力学习");     //调用形参长度可变方法
    }
}
```

3.2　实 践 目 的

通过项目实践,加深读者对 Java 方法的定义、三种类型、调用的理解,进一步理解通过方法实现代码复用和模块化程序设计,培养读者根据实际问题分析设计方法返回类型、形参和方法功能的能力。

3.3 实践范例

3.3.1 范例1 儒家"五常"问题

1. 范例描述

"仁义礼智信"为儒家"五常"。孔子提出"仁、义、礼",孟子将其延伸为"仁、义、礼、智",董仲舒将其扩充为"仁、义、礼、智、信",后称"五常"。"五常"贯穿中华伦理的发展,成为中国价值体系最核心的因素。"仁"的含义是以人为本,人性关怀;"义"的含义是公平正义,坚守原则;"礼"的含义是恭敬尊重,礼仪文明;"智"的含义是崇尚知识,追求真理;"信"的含义是忠于职责,诚实守信。

定义一个方法,该方法返回"五常"的具体含义,例如,参数是"义",返回"公平正义,坚守原则"。

2. 范例分析

定义方法 getWuChang,该方法的参数是字符类型 char,返回值是"五常"元素含义的字符串 String。方法中使用 switch 开关语句根据参数返回"五常"元素的含义。其核心代码如下。

```
public static String getWuChang(char elem) {
    switch ('五常'元素字符) {
    case '仁':
        内容是"以人为本,人性关怀";
        break;
    case '义':
        内容是"公平正义,坚守原则";
        break;
    //其他 case
    default:
        "不属于'五常'";
    }
}
```

3. 范例代码

```
public class Exp1 {
    //"五常"问题,输入"五常"元素,输出它的含义
    public static String getWuChang(char elem) {
        String content = null;
        switch (elem) {
        case '仁':
            content = elem + "的含义:以人为本,人性关怀";
            break;
        case '义':
            content = elem + "的含义:公平正义,坚守原则";
            break;
        case '礼':
```

```
            content = elem + "的含义:恭敬尊重, 礼仪文明";
            break;
        case '智':
            content = elem + "的含义:崇尚知识,追求真理";
            break;
        case '信':
            content = elem + "的含义:忠于职责,诚实守信";
            break;
        default:
            content = elem + "不属于'五常'";
        }
        return content;
    }
    public static void main(String[] args) {
        System.out.println(getWuChang('信'));
        System.out.println(getWuChang('意'));
    }
}
```

4. 运行结果

使用"信""意"测试,函数 getWuChang()的运行结果如图 3-1 所示。

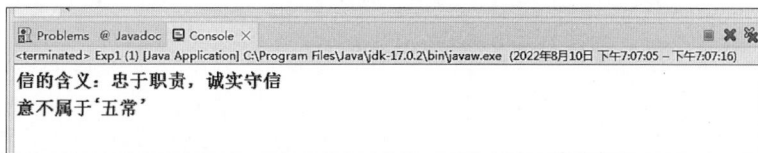

图 3-1　函数 getWuChang()的运行结果

3.3.2　范例2　最大值问题

1. 范例描述

软件系统常需要计算一组数据的最大值,例如,寻找服务器集群中吞吐量最大的服务器、连接数据库服务器最频繁的客户端、班级成绩最好的学生等。

要求定义重载方法,分别能够返回多个数字字符串、多个整型数值、一维整型数组、一维数字字符串数组和二维整型数组的最大值。

2. 范例分析

一组数据的存储方式可以是一维数组,也可以是二维数组,数据类型可能是字符串,也可能是数值,定义多个重载方法,通过统一方法名能满足不同存储方式、不同数据类型的查找要求。其关键代码如下。

```
//重载方法,形参长度可变,实参可以是字符串数组或多个字符串
public static int getMax(String... str) {   }
//重载方法,形参长度可变,实参可以是整型数组或者多个整型数据
public static int getMax(int... list) {   }
//重载方法,实参是二维整型数组
public static int getMax(int[][] arr) {   }
```

3. 范例代码

```
public class Exp2 {
    //最大值问题,方法重载
    //(1)返回多个数字字符串中的最大值,重载方法
    public static int getMax(String... str) {
        int max = Integer.MIN_VALUE;                    //初始化最小值
        for (String s : str) {
            if (max < Integer.valueOf(s))
                max = Integer.valueOf(s);
        }
        return max;
    }
    //(2)返回多个整型数值中的最大值,重载方法
    public static int getMax(int... list) {
        int max = Integer.MIN_VALUE;                    //初始化最小值
        for (int x : list) {
            if (max < x)
                max = x;
        }
        return max;
    }
    //(3)返回二维整型数组中的最大值,重载方法
    public static int getMax(int[][] arr) {
        int max = Integer.MIN_VALUE;                    //初始化最小值
        for (int[] temp : arr)//foreach 遍历二维数组
            for (int x : temp) {
                if (max < x)
                    max = x;
            }
        return max;
    }
    public static void main(String[] args) {
        String[] strList = { "123", "345", "789", "101" };
        int[] list = { 5, 6, 3, 8, 9, -21 };
        int[][] arr = { { 23, 45 }, { 43, 23, 54, 18 }, { 67, 34, 21, 63 } };
        System.out.println(getMax(strList));            //调用第 1 个重载方法
        System.out.println(getMax(list));               //调用第 2 个重载方法
        System.out.println(getMax(6, 8, 2, 9));         //调用第 2 个重载方法
        System.out.println(getMax(arr));                //调用第 3 个重载方法
    }
}
```

4. 运行结果

测试数据如图 3-2 所示,运行结果如图 3-3 所示。

```
String[] strList = { "123", "345", "789", "101" };
int[] list = { 5, 6, 3, 8, 9, -21 };
int[][] arr = { { 23, 45 }, { 43, 23, 54, 18 }, { 67, 34, 21, 63 } };
System.out.println(getMax(strList));// 调用第 1 个重载方法
System.out.println(getMax(list));// 调用第 2 个重载方法
System.out.println(getMax(6, 8, 2, 9));// 调用第 2 个重载方法
System.out.println(getMax(arr));// 调用第 3 个重载方法
```

图 3-2 最大值问题测试数据

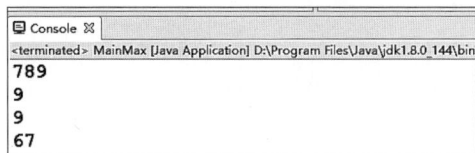

图 3-3　最大值问题运行结果

3.4　注意事项

（1）设计合适方法

方法是模块化设计基础，是程序运行的基本单元，设计一个功能明确、适应性强、规模适中的方法需要认真分析问题，确定方法三要素，即方法类型、方法名和方法形参。

（2）制定方法重载策略

方法重载的第 1 个特征是方法名相同，第 2 个特征是方法的形参列表不同，重载方法的功能可能也不同，不能通过方法的返回类型判断是否重载方法。确定方法是否需要重载要从方法功能、方法参数和方法使用环境等考虑。

（3）设计形参长度可变方法

Java 对方法的另一个重要改进是可定义形参长度可变方法，可变形参是方法的最后一个形参，可变形参的本质是以数组作为形参，但比以数组作为形参更加灵活。设计形参长度可变方法的一个重要前提是明确该方法是否需要以数组作为形参。

3.5　实践任务

任务 1　垃圾分类问题

实行垃圾分类关系到广大人民群众的生活环境和身体健康，关系到节约使用资源，也是社会文明水平的一个重要体现。

生活垃圾一般分为 4 大类：可回收垃圾（蓝色）、厨余垃圾（绿色）、有害垃圾（红色）和其他垃圾（黑色），对应 4 个不同颜色的垃圾桶。

（1）可回收垃圾：主要包括废纸、塑料、玻璃、金属和布料 5 大类。

（2）厨余垃圾：包括剩菜剩饭、骨头、菜根菜叶、果皮等食品类废物。

（3）有害垃圾：包括电池、荧光灯管、灯泡、水银温度计、油漆桶、部分家电、过期药品、过期化妆品等。

（4）其他垃圾：包括砖瓦陶瓷、渣土、卫生间废纸、纸巾等难以回收的废弃物及果壳、尘土、食品袋（盒）。

本案例的任务是根据用户丢弃的垃圾，告诉用户这是什么类型的垃圾，需要放入哪个颜色的垃圾桶。例如，如果用户丢弃骨头，输出厨余垃圾，并告诉用户该垃圾应放入绿色垃圾桶；如果用户丢弃电池，输出有害垃圾，并告诉用户该垃圾应该放入红色垃圾桶。

任务 2　计算超市顾客的结账问题

顾客在超市购买商品后在收银台结账，超市管理系统根据商品价格、数量、折扣以及顾客是否为会员计算商品总价。

利用方法重载完成如下任务：①根据商品单价和购买数量计算总价；②根据商品单价、购买数量和折扣计算总价(考虑折扣优惠)；③根据商品单价、购买数量、折扣和会员等级计算总价(考虑会员等级优惠)，会员等级分为普通会员、银卡、金卡,普通会员优惠5%、银卡优惠8%、金卡优惠10%。

例如,非会员顾客购买没有折扣的矿泉水5瓶,每瓶2元,总价10元;银卡会员购买8折优惠的蒙牛牛奶3箱,每箱55元,总价121.44元。

第4章 异常处理

4.1 知识简介

月有阴晴圆缺,人有旦夕祸福。人的一生往往不会一帆风顺,可能经历很多失败、挫折和痛苦,只有拥有自强不息的奋斗精神,最终才能收获成功和幸福。

程序在运行过程中也不会一帆风顺,因为运行环境的变化如输入错误、文件不存在、网络连接中断、访问对象不存在、连接数据库失败、执行 SQL 语句错误等,都会导致 Java 程序出现异常情况而不能正常执行。

Java 异常处理机制提供了一种有效方式来识别、处理和修复程序中的异常情况,使程序更加稳定可靠,提高了代码的可读性和可维护性,使开发人员能更加专注业务逻辑而不是异常处理,提升了用户使用软件的体验。

Java 程序中,异常指在程序执行过程中出现的错误(Error)或异常(Exception)情况。

Error 是一种特殊的异常类型,表示虚拟机(JVM)运行时产生的严重问题,JVM 不能正常处理它们。一些常见的 Error 类型如 OutOfMemoryError(内存不足错误)、StackOverflowError(堆溢出错误)、NoClassDefFoundError(未找到定义类的错误)、UnsupportedClassVersionError(不支持字节码版本的错误)、InternalError(内部错误)等,这些问题一般是由于虚拟机或 Java 核心库本身遇到了无法恢复的内部问题而产生。Java 没有提供处理 Error 的机制,通常情况下,当出现 Error 时,程序员应分析引起 Error 的根本原因,并进行故障排除和修复,确保程序的稳定性和可靠性。

Java 中的 Exception 指能被虚拟机捕获并处理的异常,一般是错误的输入、无效的操作、资源不可用等原因引起的,当程序遇到 Exception 时,它会中断当前的执行路径,并转到能够处理该异常的代码块。Java 中的异常是以对象的形式表示的,它们属于 Throwable 类或其子类的实例。

Java 中的异常分为受检查异常(Checked Exception)和运行时异常(Runtime Exception)两种类型。

Java 异常的类结构如图 4-1 所示,Throwable 是所有异常的祖先类,Error 是错误的异常类型,Exception 是特殊异常类型。RuntimeException 是 Exception 的子类,表示运行时异常,Exception 的其他子类表示受检查异常。

除了 Java 已定义好的异常类型,如 ArrayIndexOutOfBoundsException、NullPointerException、FileNotFoundException 等对象之外,程序员还可以通过创建自定义异常类来表示应用程序中的特定异常情况。自定义异常允许开发人员更好地描述和处理应用程序特定的异常,提高代码的可读性和可维护性。

Java 提供了 try-catch-finally 语句来捕获与处理异常,语法格式如下。

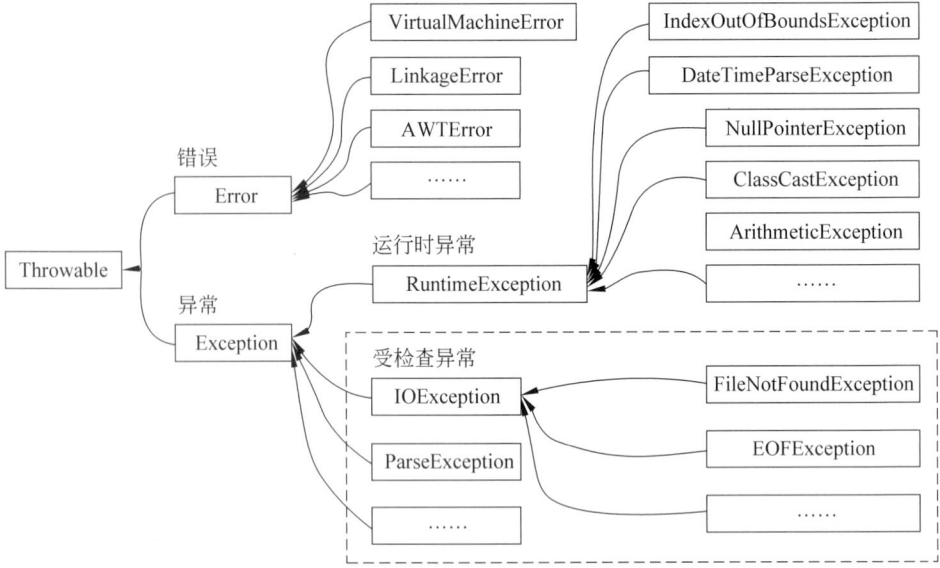

图 4-1　Java 异常的类结构

```
try (ResourceType resource1 = createResource1();
     ResourceType resource2 = createResource2();
    //可以列出更多的资源
) {
    //使用资源的代码块
} catch (ExceptionType1 ex1) {
    //异常处理代码
} catch (ExceptionType2 ex2) {
    //异常处理代码
} finally {
    //可选的 finally 块
    //不需要手动关闭资源,离开 try 块时自动关闭资源
}
```

　　下面代码段是一个典型的 try 语句,使用 try-with-resources 语句打开文件并创建 BufferedReader 对象(BufferedReader 对象实现了 AutoCloseable 接口,因此程序在结束 try 语句时自动关闭该资源),如果在读取文件的过程中发生 IOException(如文件不存在)或数组下标越界(ArrayIndexOutOfBoundsException),两个 catch 块分别捕获这两种异常中的一种,并在异常处理块中输出异常对象信息。

```
import java.io.BufferedReader;
import java.io.FileReader;
import java.io.IOException;
/*
 * try 语句案例
 */
public class MainTry {
    public static void main(String[] args) {
```

```
        try (BufferedReader reader = new BufferedReader(new FileReader(
                "example.txt"))) {
            String line;
            String[] text = new String[10];              //字符串数组,保存文件内容
            int i = 0;                                    //数组下标
            while ((line = reader.readLine()) != null) {
                System.out.println(line);
                text[i] = line;
                i++;
            }
        } catch (IOException e) { //捕获并处理异常
            System.err.println("发生 I/O 异常: " + e.getMessage());
        } catch (ArrayIndexOutOfBoundsException e) {    //捕获并处理异常
            System.err.println("数组下标越界异常: " + e.getMessage());
        } finally {
            //无论是否发生异常都会执行的代码,通常用于资源清理
            System.out.println("无论如何,都会执行这里的代码");
        }
    }
}
```

上例运行结果如图 4-2 所示,程序在执行过程中没有发现 example.txt 文件,JVM 抛出 IOException 并被 catch 块捕获,然后执行该 catch 块的代码,最后也执行了 finally 块的代码。

图 4-2 MainTry 类的执行结果

Java 程序执行过程中,如果某个方法抛出的异常对象比较多,则需要用若干 catch 块进行处理,这增加了编程难度,根据多态性原理,可以使用 Exception 捕获 JVM 抛出的所有异常对象。下列代码仅使用一个 catch 块 catch (Exception ex)捕获了所有异常对象,程序简洁易读。

```
try (ResourceType resource1 = createResource1();
ResourceType resource2 = createResource2();
    //可以列出更多的资源
) {
    //使用资源的代码块
} catch (Exception ex) {                          //捕获所有异常对象
    //异常处理代码
}  finally {
    //可选的 finally 块
    //不需要手动关闭资源,离开 try 块时自动关闭
}
```

Java 程序执行过程中,如果某个方法抛出了异常而没有被 try 语句捕获,那么该程序将崩溃。Java 提供的关键字 throws 用于在方法签名中声明可能抛出的异常,通过在方法签名中使用关键字 throws,旨在告诉调用者其所调用的方法可能会抛出异常,需要调用者进行处理或继续传播这些异常。

下面程序演示了关键字 throws 的使用方法,readFile(String filePath) throws FileNotFoundException,IOException 抛出了该方法可能抛出的 FileNotFoundException 和 IOException 对象;handleArrays(int arr[])方法调用 readFile()方法,但没有处理 readFile()方法抛出的异常对象,而是使用关键字 throws 继续抛出;fromStringToint (String str)方法调用 handleArrays()方法,也没有处理该方法抛出的异常对象,而是继续使用关键字 throws 抛出它们;main()方法调用 fromStringToint()方法,并处理该方法抛出的所有异常对象。在这段代码中,readFile()方法、handleArrays()方法、fromStringToint() 方法和 main()方法 4 个方法之间形成了异常传播链。

```java
public class ThrowsMain {
    public static void readFile(String filePath) throws FileNotFoundException,
IOException {
        //在方法内部可能抛出 FileNotFoundException 或 IOException 对象
        //调用者需要处理这些异常或将它们继续传播
        //具体的异常处理逻辑在方法内部实现
    }
    public static void handleArrays(int arr[]) throws ArrayIndexOutOfBoundsException,
FileNotFoundException, IOException{
        //方法内部产生 ArrayIndexOutOfBoundsException
        readFile("example.txt");
    }
    public static int fromStringToint(String str) throws NumberFormatException,
ArrayIndexOutOfBoundsException, FileNotFoundException, IOException{
        //把字符串转换成 int 类型,产生 NumberFormatException
        handleArrays(new int[] {1, 2, 3, 4, 5});
        return 0;
    }
    public static void main(String[] args) {
        try {
            fromStringToint("12345");
        } catch (NumberFormatException | ArrayIndexOutOfBoundsException |
IOException e) {
            //TODO Auto-generated catch block
            e.printStackTrace();
        }
    }
}
```

Java 程序中的 throw 语句用于显式地抛出异常对象,并通知程序转移到异常处理代码(通常是在方法的调用链中的某个 catch 块)。

下面程序演示了 throw 语句的使用方法。divide()方法通过检查除数是否为 0 决定是否抛出 ArithmeticException 异常对象(该方法没有使用 try 语句处理该异常),throw 语句用于手动抛出异常对象,main()方法调用了 divide()方法,然后捕获并处理 divide()方法抛出的 ArithmeticException 异常对象。

```
/*
 * throw 案例
 */
public class ThrowMain {
    public void divide(int dividend, int divisor) {
        if (divisor == 0) {
            //如果除数为 0,手动抛出 ArithmeticException 异常
            throw new ArithmeticException("除数不能为 0");
        }
        int result = dividend / divisor;
        System.out.println("结果: " + result);
    }
    public static void main(String[] args) {
        ThrowMain calculator = new ThrowMain();
        try {
            calculator.divide(10, 0);          //这里会抛出 ArithmeticException 异常
        } catch (ArithmeticException e) {
            //捕获并处理异常
            System.err.println("发生了算术异常: " + e.getMessage());
        }
    }
}
```

Java 允许程序员创建与应用程序逻辑相关的自定义异常类型,并提供关于异常的其他信息,以帮助理解和处理异常。一般情况下,自定义异常类是 Exception 的子类,它提供一个构造方法初始化异常消息。

自定义异常类的一般语法格式如下。

```
public class MyCustomException extends Exception {
    //构造方法,通常会调用父类的构造方法并传递异常消息
    public MyCustomException() {
        super();
    }
    public MyCustomException(String message) {
        super(message);
    }
    //自定义异常类可以包含额外的属性和方法
    //例如,可以添加一个方法来获取异常的详细信息
    public String getDetails() {
        return "这是自定义异常的详细信息";
    }
}
```

创建自定义异常类后,程序员可以在应用程序的适当位置使用 throw 语句抛出这个自定义异常对象。

下面程序自定义年龄异常类 AgeException 继承 Exception，main()方法的"throw new AgeException("年龄异常");"通过 throw 语句抛出 AgeException 异常对象，然后使用 try 语句捕获并处理该异常。

```
/ *
 * 自定义异常
 * /
//自定义年龄异常
class AgeException extends Exception {
    public AgeException(String message) {
        super(message);
    }
}

public class MyCustomExceptionMain {
    public static void main(String[] args) {
        int age = 120;
        try {
            if (age < 0 || age > 100)
                throw new AgeException("年龄异常");
        } catch (AgeException e) {
            System.out.println(e.getMessage());
        }
    }
}
```

异常处理机制是 Java 程序的重要技术之一，合理使用异常处理可以帮助开发人员诊断和解决程序在设计、调试中的问题，提高代码的可维护性，帮助软件系统提供更好的用户体验。

4.2　实 践 目 的

通过编程实践，加深读者对异常的概念、异常类结构、Java 处理异常技术等重要知识的理解。培养读者运用面向对象思维理解异常处理问题，将现实异常处理问题转换为面向对象异常处理模型，并使用 Java 对象编程技术设计和实现异常处理的能力。

4.3　实 践 范 例

4.3.1　范例 1　游戏道具问题

1. 范例描述

游戏中的道具是一个常见元素，可能会涉及各种道具相关的操作，如获取道具、使用道具等。定义道具类 Item、玩家类 Player，玩家通过 addItem()方法获得道具，使用 useItem() 方法使用道具。如果玩家尝试使用不存在的道具，抛出自定义的 ItemNotFoundException 异常。这种方式使玩家可以在游戏中处理道具相关的异常情况，为玩家提供更好的交互和反馈。

2. 范例分析

游戏道具问题中,对于玩家 Player,定义 useItem()方法,该方法遍历玩家背包寻找要使用的道具,如果找到对应的道具对象(Item 对象)就调用 use()方法,如果找不到道具对象就抛出 ItemNotFoundException 异常,该异常被 catch 块捕获并打印错误信息。

解决该问题需要定义玩家类 Player、道具类 Item 和自定义异常类 ItemNotFoundException。其 UML 类结构图如图 4-3 所示。

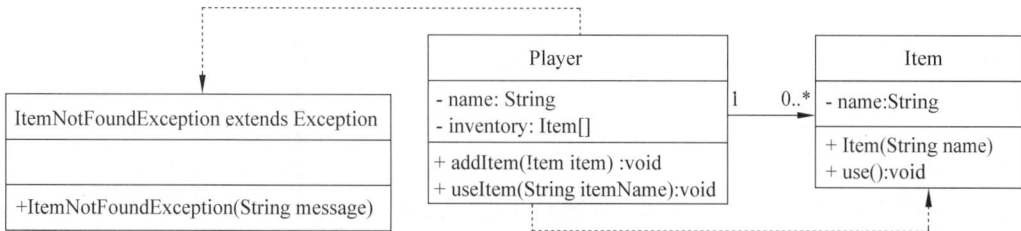

图 4-3　游戏道具问题的 UML 类结构

3. 范例代码

下面是游戏道具问题的代码。

```
    //自定义异常类
class ItemNotFoundException extends Exception {
    public ItemNotFoundException(String message) {
        super(message);
    }
}
//定义道具类
class Item {
    private String name;
    public Item(String name) {
        this.name = name;
    }
    public void use() {                        //使用道具
        System.out.println("使用道具:" + name);
    }
    public String getName() {
        return name;
    }
}

//定义玩家类
class Player {
    private String name;
    private Item[] inventory;                   //玩家的背包,用来存放道具

    public Player(String name) {
        this.name = name;
        this.inventory = new Item[5];           //初始化背包容量为 5
```

```
    }
    //向玩家的背包中添加道具
    public void addItem(Item item) {
        for (int i = 0; i < inventory.length; i++) {
            if (inventory[i] == null) {              //找到背包中第一个空位
                inventory[i] = item;                 //放入道具
                System.out.println(name + " 获得道具:" + item.getName());
                return;
            }
        }
        //如果背包已满,无法添加道具
        System.out.println(name + " 的背包已满,无法获得道具:" + item.getName());
    }


    //使用背包中的道具
    public void useItem(String itemName) throws ItemNotFoundException {
        for (Item item : inventory) {
            if (item != null && item.getName().equals(itemName)) {
                                                     //找到指定名称的道具
                item.use();                          //使用道具
                return;
            }
        }
        //如果背包中没有指定的道具,抛出自定义的异常
        throw new ItemNotFoundException(name + " 没有道具:" + itemName);
    }
}
```

4. 运行结果

下面代码是游戏道具问题的测试代码,运行结果如图 4-4 所示。

```
public class GameMain {
    public static void main(String[] args) {
        //创建玩家对象
        Player player1 = new Player("玩家 1");
        //向玩家的背包中添加道具
        player1.addItem(new Item("剑"));
        player1.addItem(new Item("药水"));

        try {
            //使用背包中的道具,并捕获可能抛出的异常
            player1.useItem("剑");
            player1.useItem("盾");              //这里会抛出 ItemNotFoundException 异常
        } catch (ItemNotFoundException e) {
            //处理道具未找到的异常,并输出错误消息
            System.out.println(e.getMessage());
        }
    }
}
```

向玩家背包中增加道具"剑""药水",玩家正常使用道具"剑",当玩家使用道具"盾"时（player1.useItem("盾");），抛出"没有道具：盾"的提示信息。

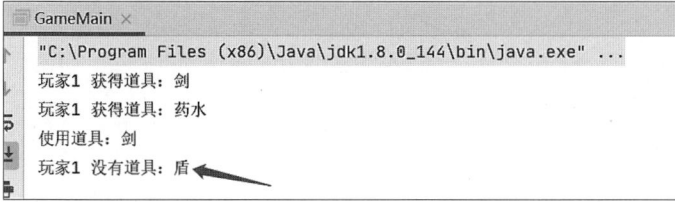

图 4-4　游戏道具问题运行结果

4.3.2　范例 2　银行账户存取款的问题

1. 范例描述

一个人拥有多个银行账户,通过账户在银行存取款时,可能存在余额不足、账户不存在等问题。定义 BankAccount 类表示银行账户,该类定义了存款和取款等方法,取款时余额不足抛出 InsufficientBalanceException 异常,如果输入的账户不存在抛出 AccountNotFoundException 异常。

2. 范例分析

银行账户存取款的问题中有两个异常类,余额不足时抛出 InsufficientBalanceException 对象,账户不存在时抛出 AccountNotFoundException 对象。

解决该问题需要定义 4 个类：个人类 Person、银行账户类 BankAccount、两个自定义异常类 InsufficientBalanceException、AccountNotFoundException。BankAccount 类中定义存款方法 deposit(double amount)、取款方法 withdraw(double amount),其 UML 类结构如图 4-5 所示。

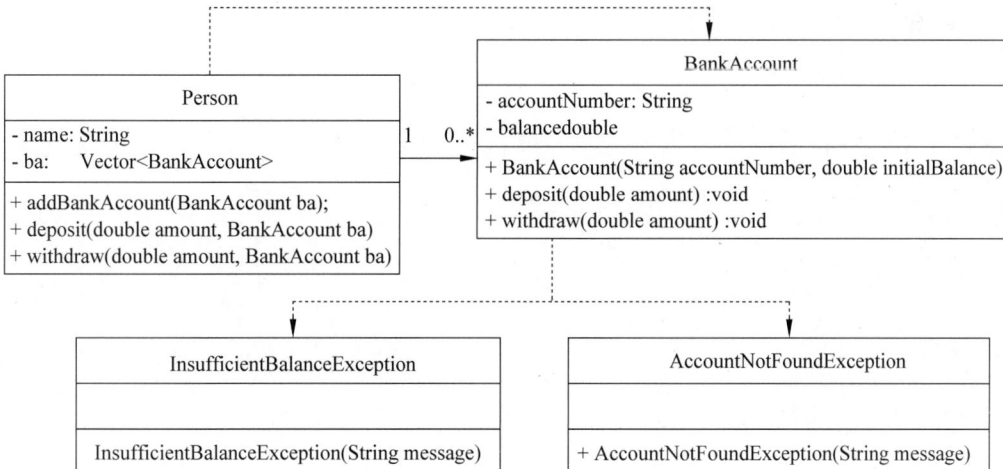

图 4-5　银行账户存取款的问题的 UML 类结构

3. 范例代码

银行账户存取款的问题的代码如下。

```java
import java.util.ArrayList;
import java.util.List;
//自定义异常:余额不足
class InsufficientBalanceException extends Exception {
    public InsufficientBalanceException(String message) {
        super(message);
    }
}
//自定义异常:账户不存在
class AccountNotFoundException extends Exception {
    public AccountNotFoundException(String message) {
        super(message);
    }
}
//银行账户类
class BankAccount {
    private String accountNumber;
    private double balance;
    public BankAccount(String accountNumber, double initialBalance) {
        this.accountNumber = accountNumber;
        this.balance = initialBalance;
    }
    public double getBalance() {
        return balance;
    }
    //存款操作
    public void deposit(double amount) {
        balance += amount;
        System.out.println("成功存款:" + amount);
    }
    //取款操作,可能抛出 InsufficientBalanceException 异常
    public void withdraw(double amount) throws InsufficientBalanceException {
        if (amount > balance) {
            throw new InsufficientBalanceException("余额不足,无法取款");
        }
        balance -= amount;
        System.out.println("成功取款:" + amount);
    }
    public String getAccountNumber() {
        return accountNumber;
    }
}
//个人类,可以拥有多个银行账户
class Person {
    private String name;
    private List<BankAccount> accounts;
    public Person(String name) {
        this.name = name;
        this.accounts = new ArrayList<>();
    }
```

```java
    //添加银行账户
    public void addAccount(BankAccount account) {
        accounts.add(account);
    }
    //向指定账户存款
    public void depositToAccount(String accountNumber, double amount) {
        for (BankAccount account : accounts) {
            if (account.getAccountNumber().equals(accountNumber)) {
                account.deposit(amount);
                return;
            }
        }
        System.out.println("账户不存在:" + accountNumber);
    }
    //从指定账户取款,可能抛出 AccountNotFoundException 异常
    public void withdrawFromAccount(String accountNumber, double amount) throws
AccountNotFoundException {
        for (BankAccount account : accounts) {
            if (account.getAccountNumber().equals(accountNumber)) {
                try {
                    account.withdraw(amount);
                } catch (InsufficientBalanceException e) {
                    System.out.println("取款失败:" + e.getMessage());
                }
                return;
            }
        }
        throw new AccountNotFoundException("账户不存在:" + accountNumber);
    }
}
```

4. 运行结果

下列代码是银行账户存取款问题的测试代码。

```java
public class AccountMain {
    public static void main(String[] args) {
        BankAccount account1 = new BankAccount("123456", 0.0);
        BankAccount account2 = new BankAccount("789012", 0.0);
        Person person = new Person("孙悟空");
        person.addAccount(account1);
        person.addAccount(account2);
        person.depositToAccount("123456", 300.0);
        person.depositToAccount("123456", 1000.0);
        try {
            person.withdrawFromAccount("123456", 800.0);
            person.withdrawFromAccount("123456", 900.0);
            person.withdrawFromAccount("456789", 900.0);
                                    //这里会抛出 AccountNotFoundException
        } catch (AccountNotFoundException e) {
```

```
            System.out.println("错误:" + e.getMessage());
        }
    }
}
```

以上测试代码中,首先向账户"123456"存款 300 和 1000,第一次取款 800 成功,第二次取款 900 抛出取款失败的错误提示信息;从账户"456789"取款时抛出账户不存在提示信息,运行结果如图 4-6 所示。

```
成功存款: 300.0
成功存款: 1000.0
成功取款: 800.0
取款失败: 账户余额: 500.0取款金额900.0余额不足, 无法取款
错误: 账户不存在: 456789
```

图 4-6 银行账户存取款问题的测试结果

4.4 注 意 事 项

(1)异常类型的选择。选择合适的异常类型来反映问题的性质,Java 中有许多内置的异常类,开发者还可以自定义异常类以更好地适应特定情况。

(2)异常处理的位置。异常应该在能够处理它们的最接近问题的位置被捕获和处理,而不是在整个程序中的最外层被捕获。

(3)资源管理。在使用资源(如文件、数据库连接、网络连接等)时,要确保适当地关闭或释放这些资源,以避免资源泄漏。

(4)异常处理的性能。异常处理可能对性能产生影响,在性能关键的部分,要避免频繁抛出和捕获异常,可以使用条件检查来替代异常。

(5)不要滥用异常。不要将异常用作控制流的一部分,异常应该用于处理异常情况,而不是用于正常流程控制。

4.5 实 践 任 务

任务 1 电子商务系统的订单处理问题

在电子商务系统的订单处理过程中,创建订单并把产品加入订单中,依次检查产品库存并扣除库存,然后进行支付处理。如果库存不足或支付失败,抛出订单处理异常(OrderProcessingException);把产品加入订单时,要从该产品的库存中扣除一定数量的产品,如果库存不足,则抛出库存不足异常(InsufficientStockException)。该问题要求如下。

(1)产品类(Product)。该类表示可供购买的产品,包括产品名称和库存数量。定义方法 deductStock(),用于从库存中扣除一定数量的产品,如果库存不足,抛出 InsufficientStockException 异常。

(2)支付网关类(PaymentGateway)。该类模拟支付网关,定义方法 processPayment() 用于处理支付,仅给出提示信息即可。

（3）订单类（Order）。该类表示用户订单，包括订购的产品和数量，在该类中定义方法processOrder()用于处理订单。在订单处理过程中，依次检查产品库存并扣除库存，然后进行支付处理。如果库存不足或支付失败，抛出 OrderProcessingException 异常。

（4）自定义异常类。定义 3 个自定义异常类，分别是 InsufficientStockException（库存不足异常）、PaymentFailedException（支付失败异常）和 OrderProcessingException（订单处理异常），用于表示不同类型的问题。

（5）主程序类（EcommerceMain）。该类模拟实际订单创建和处理过程，它创建两种产品（笔记本电脑和手机），并将它们添加到订单中。如果订单处理过程出现异常，捕获异常并打印错误消息。

任务 2　慈善机构的捐赠系统问题

慈善机构的捐赠系统处理来自慈善捐赠者的捐款捐物，并确保所有的捐赠都被正确处理。如果出现异常，如捐款者捐款为负数，或捐赠物品已过期，系统给出提示信息，确保不影响正常捐款流程。该问题要求如下。

（1）自定义异常类 DonationException，表示捐赠异常。

（2）自定义捐款类 Donation、捐赠物品类 DonatedItems。

（3）自定义捐赠者类 Donor，定义捐赠金额、捐赠物品方法。

（4）自定义慈善机构类 CharityOrganization，负责接收和处理捐款、捐物。

（5）自定义测试类 CharityMain，向慈善家机构捐款和捐物，如果捐款、捐物出现异常，给出明确提示信息，并保证程序正常运行。

第5章 输入/输出

5.1 知 识 简 介

输入/输出(I/O)是软件与外部世界交互的关键接口,I/O 对软件系统的主要作用有:①实现软件系统与用户交互;②提供数据存储和检索;③实现与外部设备通信;④实现网络通信;⑤实现数据格式化和解析。

Java 的 I/O 基于流(Stream)技术。流根据其字节多少分为字节流和字符流。字节流以字节(byte)为单位进行 I/O 操作,适用于处理二进制数据,如图像、音频、视频等,以及文本数据。主要字节流类包括 InputStream 和 OutputStream。例如,FileInputStream 用于从文件读取字节数据,FileOutputStream 用于向文件写入字节数据。字符流以字符(char)为单位进行 I/O 操作,适用于处理文本数据,通常涉及字符编码(如 UTF-8、ISO-8859-1 等)的转换。主要字符流类包括 Reader 和 Writer。例如,FileReader 用于从文件读取字符数据,FileWriter 用于向文件写入字符数据。字符流适用于处理文本文件,如配置文件、日志文件、文档文件等,以及与用户进行文本交互的场景。

流根据其在 I/O 流层次结构中的位置和作用分为节点流和处理流。节点流(Node Streams)是直接与底层数据源(如文件、内存、网络连接)连接的流,也称底层流(Low-Level Streams)。主要节点流包括 InputStream 和 OutputStream(用于字节数据)以及 FileReader 和 FileWriter(用于字符数据)。处理流(Filter Streams)是构建在节点流之上的流,也称包装流(Wrapper Streams)。处理流用于缓冲、过滤、转换数据等高级操作,通常提供更高层次的 API来简化 I/O 操作。主要处理流包括 BufferedInputStream 和 BufferedOutputStream(用于缓冲字节流)以及 InputStreamReader 和 OutputStreamWriter(用于字符编码转换)等。

图 5-1 显示字节输出流的主要类结构。其中 ByteArrayOutputStream、FileOutputStream、PipedOutputStream 是节点流,FilterOutputStream 子类以及 ObjectOutputStream 是处理流。

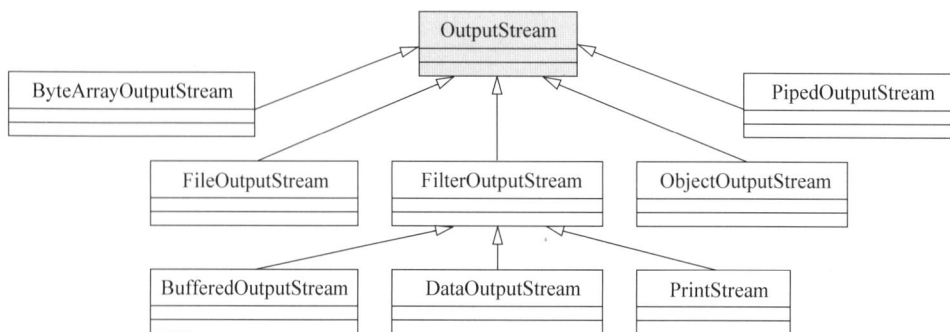

图 5-1 字节输出流的主要类结构

图 5-2 显示字节输入流的主要类结构。ByteArrayInputStream、FileInputStream、

PipedInputStream 等是节点流，FilterOutputStream 子类以及 ObjectOutputStream、StringBufferInputStream 等是处理流。

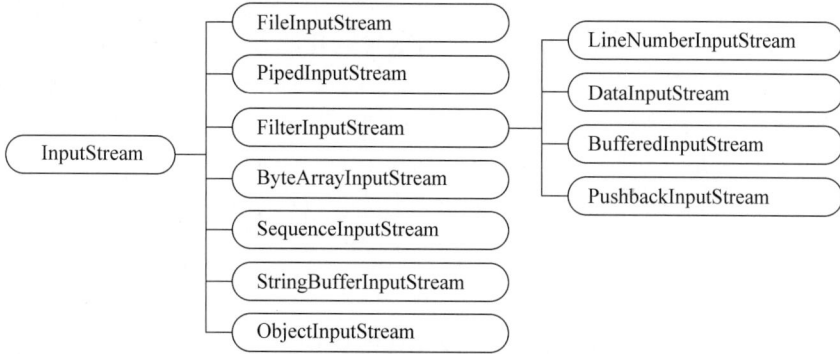

图 5-2　字节输入流的主要类结构

　　图 5-3 显示字符输出流的主要类结构。CharArrayWriter、FileWriter、PipedWriter 等是节点流，FilterWriter 子类以及 StringWriter、BufferedWriter、PrintWriter 等是处理流。

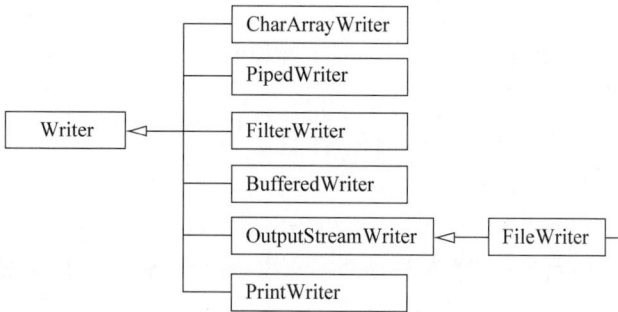

图 5-3　字符输出流的主要类结构

　　图 5-4 显示字符输入流的主要类结构。CharArrayReader、FileReader、PipedReader 等是节点流，FilterReader 子类以及 StringReader、BufferedReader 等是处理流。

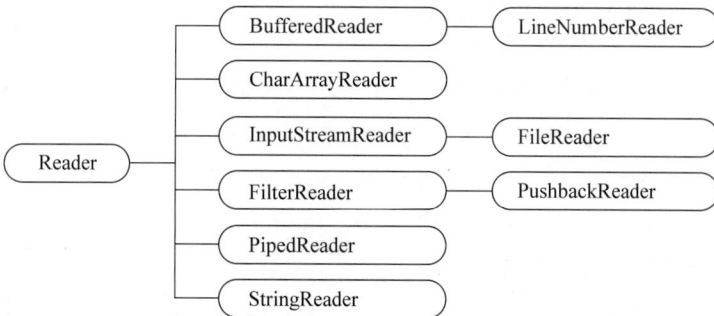

图 5-4　字符输入流的主要类结构

　　对象序列化指把 Java 对象转换为字节流的过程，反序列化是将字节流转换到对象的过程。通俗来说，对象序列化允许将对象的状态保存到文件、数据库或通过网络传输，并在需要时重新构建对象。通过序列化与反序列化，可以实现不同系统之间的数据传输或持久化存储。一个对象要能够被序列化，前提条件是该对象的类实现 java.io.Serializable 接口。

Java 提供了 ObjectOutputStream 和 ObjectInputStream 两个类,用于将对象序列化为字节流或将字节流反序列化为对象。

5.2 实践目的

通过项目实践,读者熟悉 Java 的 I/O 框架结构,了解各种类的作用,掌握读取数据、写入数据、数据转换、数据持久化存储和恢复等知识,加深读者对数据在计算机系统中流动过程的理解,培养读者针对实际问题建立 I/O 处理模型,选择合适的 I/O 类,设计简单应用系统的能力。

5.3 实践范例

5.3.1 范例 1 文件处理工具类问题

1. 范例描述

使用 Java 的 I/O 框架定义文件处理工具类,包括复制文件、统计文本文件中某个词出现的次数、查找替换文本文件内容、把 Excel 文件中的每个表单转换成一个文本文件。该问题的具体要求如下。

(1) 复制文件使用缓冲流和 NIO 两种方式。

(2) 使用缓冲流统计文本文件中某个词出现的次数。

(3) 查找替换文本文件内容时,需要使用指定字符串替换所有匹配字符串。

(4) 把 Excel 文件中的每个表单转换成一个文本文件,Excel 的每行生成文本文件的一行,Excel 的每列在文本文件中用制表符分隔。

2. 范例分析

文件处理工具类中应对不同要求需要使用不同流,具体如下。

(1) 复制文件使用缓冲流和 NIO 两种方式。复制文件需要使用 FileInputSteam 和 FileOutputSteam,为了提高效率可以使用缓冲流 BufferedInputStream 和 BufferedOutputStream,使用 NIO 复制文件使用 FileChannel 类。

(2) 使用缓冲流统计文本文件中某个词出现的次数。文本文件的读取使用 FileReader,对应的缓冲流为 BufferedReader。

(3) 查找替换文本文件内容时,使用指定字符串替换所有匹配字符串。为了实现查找替换操作,首先把文本文件读取到字符串 StringBuilder,然后使用 String 的 replaceAll()方法替换,最后把替换结果写入文本文件。

(4) 把 Excel 文件中的每个表单转换成一个文本文件,Excel 的每行生成文本文件的一行,Excel 的每列在文本文件中用制表符分隔。①创建了一个名为 outputDirectory 的目录用于存放生成的文本文件。②遍历每个工作表时为每个工作表创建一个单独的文本文件,并以工作表的名称命名这些文件。③使用 Apache POI 读取 Excel 文件,遍历工作表、行和单元格,将单元格的内容写入文本文件,分隔符使用制表符(\t),每行数据用换行符(\n)分隔。

3. 范例代码

```java
import java.io.*;
import java.nio.channels.FileChannel;
import java.nio.file.*;
import java.nio.file.Paths;
import java.util.ArrayList;
import java.util.List;
import org.apache.poi.ss.usermodel.*;
import org.apache.poi.xssf.usermodel.XSSFWorkbook;
import java.util.Iterator;
//文件实用工具类
public class FileUtil {
    //复制文件(使用缓冲流)
    public static void copyFile(String sourcePath, String destinationPath)
            throws IOException {
        try (BufferedInputStream inputStream = new BufferedInputStream(
                new FileInputStream(sourcePath));
            BufferedOutputStream outputStream = new BufferedOutputStream(
                    new FileOutputStream(destinationPath))) {

            byte[] buffer = new byte[1024];
            int bytesRead;
            while ((bytesRead = inputStream.read(buffer)) != -1) {
                outputStream.write(buffer, 0, bytesRead);
            }
        }
    }
    //使用 NIO 复制文件
    public static void copyFileWithNIO(String sourceFilePath,
            String destinationFilePath) throws IOException {
        Path sourcePath = FileSystems.getDefault().getPath(sourceFilePath);
        ;
        Path destinationPath = FileSystems.getDefault().getPath(
                destinationFilePath);
        try (FileChannel sourceChannel = FileChannel.open(sourcePath,
                StandardOpenOption.READ);
            FileChannel destinationChannel = FileChannel.open(
                    destinationPath, StandardOpenOption.CREATE,
                    StandardOpenOption.WRITE)) {
            long transferredBytes = 0;
            long fileSize = sourceChannel.size();
            while (transferredBytes < fileSize) {
                long bytesTransferred = sourceChannel.transferTo(
                        transferredBytes, fileSize - transferredBytes,
                        destinationChannel);
                transferredBytes += bytesTransferred;
            }
            System.out.println("文件复制完成。");
        } catch (IOException e) {
```

```java
            e.printStackTrace();
            throw e;                              //将异常重新抛出以便上游处理
        }
    }
    //读取文本文件
    public static List < String > readTextFile ( String filePath) throws
IOException {
        List<String> lines = new ArrayList<>();
        try (BufferedReader reader = new BufferedReader(
                new FileReader(filePath))) {
            String line;
            while ((line = reader.readLine()) != null) {
                lines.add(line);
            }
        }
        return lines;
    }
    //搜索文本文件(不换行)
    public static List<String> searchInTextFile(String filePath,
            String searchQuery) throws IOException {
        List<String> matchingLines = new ArrayList<>();
        StringBuilder fileContent = new StringBuilder();
        try (BufferedReader reader = new BufferedReader(
                new FileReader(filePath))) {
            String line;
            while ((line = reader.readLine()) != null) {
                fileContent.append(line);    //将每行文本拼接到字符串中,不包括换行符
            }
        }
        String fileContentStr = fileContent.toString();
        int index = 0;
        while ((index = fileContentStr.indexOf(searchQuery, index)) != -1) {
            int lineStart = Math
                    .max(0, fileContentStr.lastIndexOf("\n", index));
            int lineEnd = Math.min(
                    fileContentStr.indexOf("\n", index + searchQuery.length()),
                    fileContentStr.length());
            matchingLines.add(fileContentStr.substring(lineStart, lineEnd));
            index += searchQuery.length();
        }
        return matchingLines;
    }
    //查找替换文本文件中的内容(不换行)
    public static void replaceInTextFile(String filePath, String searchQuery,
            String replacement) throws IOException {
        StringBuilder fileContent = new StringBuilder();

        try (BufferedReader reader = new BufferedReader(
                new FileReader(filePath))) {
            String line;
```

```
            while ((line = reader.readLine()) != null) {
                fileContent.append(line);   //将每行文本拼接到字符串中,不包括换行符
            }
        }
        String fileContentStr = fileContent.toString();
        String updatedContent = fileContentStr
                .replace(searchQuery, replacement);

        try (BufferedWriter writer = new BufferedWriter(
                new FileWriter(filePath))) {
            writer.write(updatedContent);
        }
    }
    //删除文件
    public static boolean deleteFile(String filePath) {
        File file = new File(filePath);
        return file.delete();
    }
    public static void convertExcelToText(String excelFilePath,
            String outputDirectory) throws IOException {
        FileInputStream excelFile = new FileInputStream(new File(excelFilePath));
        Workbook workbook = new XSSFWorkbook(excelFile);
        //创建输出目录
        File outputDir = new File(outputDirectory);
        if (!outputDir.exists()) {
            outputDir.mkdirs();
        }
        //遍历每个工作表
        for (Sheet sheet : workbook) {
            String sheetName = sheet.getSheetName();
            String textFilePath = outputDirectory + File.separator + sheetName+
".txt";
            //打开文本文件以进行写入
            FileWriter writer = new FileWriter(textFilePath);
            BufferedWriter bufferedWriter = new BufferedWriter(writer);
            Iterator<Row> rowIterator = sheet.iterator();
            //遍历每一行
            while (rowIterator.hasNext()) {
                Row row = rowIterator.next();
                //遍历每个单元格并将其写入文本文件
                Iterator<Cell> cellIterator = row.iterator();
                while (cellIterator.hasNext()) {
                    Cell cell = cellIterator.next();
                    String cellValue = getCellValueAsString(cell);
                    bufferedWriter.write(cellValue);
                    bufferedWriter.write("\t");   //以制表符分隔单元格
                }
                bufferedWriter.newLine();          //换行以分隔行
            }
            //关闭文件流
```

```
                bufferedWriter.close();
                writer.close();
            }
            System.out.println("Excel 文件的每个工作表已成功转换为文本文件并保存在目
录:" + outputDirectory);
        }
        //辅助方法:将单元格内容转换为字符串
        private static String getCellValueAsString(Cell cell) {
            String cellValue = "";
            if (cell != null) {
                switch (cell.getCellType()) {
                case STRING:
                    cellValue = cell.getStringCellValue();
                    break;
                case NUMERIC:
                    cellValue = String.valueOf(cell.getNumericCellValue());
                    break;
                case BOOLEAN:
                    cellValue = String.valueOf(cell.getBooleanCellValue());
                    break;
                case BLANK:
                    cellValue = "";
                    break;
                default:
                    cellValue = "";
                }
            }
            return cellValue;
        }
    }
```

4. 运行结果

文件处理工具类问题的测试代码如下,测试前需要在相关目录下建立文件,或已经建立
了保存文件的目录。

```
import java.io.IOException;
import java.util.List;
public class FileUtilMain {
    public static void main(String[] args) {
        try {
            //使用 NIO 复制文件
            FileUtil.copyFileWithNIO("d:\\人工智能发展方案.zip","d:\\人工智能发
展方案-x.zip");
            //使用传统方式复制文件
            FileUtil.copyFile("d:\\人工智能发展方案.zip","d:\\人工智能发展方案-x.
zip");
            //把 Excel 文件转换成文本文件
            FileUtil.convertExcelToText("C:\\poi-班级学生名单.xlsx", "C:\\poi-
班级学生名单.txt");
```

```
            //读取文本文件的数据
            List<String> listTxt=FileUtil.readTextFile("d:\\pom.xml");
            for(String txt:listTxt)
                System.out.println(txt);
            FileUtil.replaceInTextFile("d:\\pom.xml","dep","--XXXXX--");
        } catch (IOException e) {
            e.printStackTrace();
        }
    }
}
```

5.3.2 范例 2 科技成果管理系统问题

1. 范例描述

科技成果不仅代表企业(组织)的创新能力和技术水平,也是企业(组织)的核心资产和竞争优势,设计开发科技成果管理系统对于依赖创新和知识产权来推动业务发展的企业(组织)至关重要。科技成果管理系统的主要作用是保护知识产权、促进技术转移和商业化、加强合作伙伴关系、提高创新效率、支持战略决策和提升组织的声誉和形象。通过有效地管理科技成果,企业(组织)可以更好地实现其创新战略,提高竞争力和可持续发展能力。

科技成果包括论文、发明专利、软件著作权和外观设计专利等。设计科技成果管理系统要求如下:保存科技成果信息、统计各种类型成果数量、根据关键字查找科技成果、打印科技成果信息。该问题的具体要求如下:

(1) 增加成果信息;

(2) 删除成果信息;

(3) 显示各种类型科技成果数量;

(4) 根据关键字查找科技成果,并显示成果信息;

(5) 按类型显示科技成果信息。

2. 范例分析

科技成果管理系统实现科技成果管理,科技成果包括论文、发明专利、软件著作权和外观设计专利等,需要设计"科技成果"父类,父类中有成果类型,子类包括发明专利、软件著作权和外观设计专利,如图 5-5 所示。

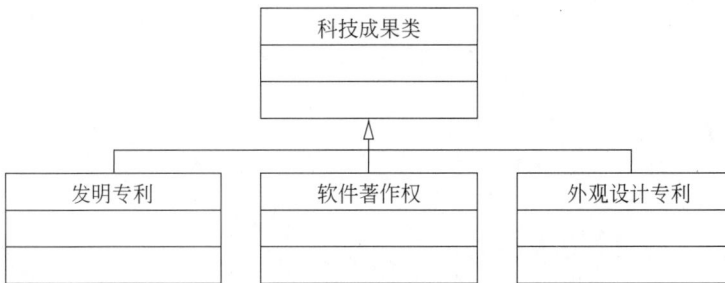

图 5-5　科技成果管理系统问题的 UML 类结构

科技成果管理系统的每个功能的解决要点如下。

（1）增加成果信息。科技成果保存在文件中便于存储和传输，需要使用 I/O 框架的序列化和反序列化技术，涉及类 ObjectOutStream 和 ObjectInputStream。先读取文件中已有对象到集合，然后将新的对象添加到集合尾部，最后将集合中的所有对象重新写入文件。

（2）根据成果名删除成果信息。使用反序列化技术，读取成果信息并保存在集合，在集合中查找需要删除的成果并删除，然后通过序列化技术把集合中的成果信息写入文件。

（3）显示各种类型科技成果数量。使用反序列化技术从文件中读取成果对象，根据成果类型分别统计数量，使用 Map＜类型，数量＞记录各种类型成果信息。

（4）根据关键字查找科技成果。使用反序列化技术从文件中读取成果信息，在成果所有内容中查找符合关键字的成果，把查找结果保存在集合中。

（5）按类型显示科技成果信息。通过反序列化技术，把保存在文件中的科技成果信息提取到集合中，使用 Collections 类的 sort()方法对集合进行排序，最后显示排序后的成果信息。需要定义成果类型为枚举类型，为每个常量赋值，并能获得该常量的赋值，在成果类中实现比较接口 Comparable，根据成果类型进行比较。

3．范例代码

科技成果管理系统的类结构如图 5-6 所示，它包含 7 个类，AchievementMain 是测试类，TechnologicalAchievement 是抽象类，实现 Serializable 和 Comparable 两个接口，AchievementType 成果类型是枚举，DesignPatent(外观设计)、InventionPatent(发明专利)、SoftwareCopyright（软件著作权）类继承 TechnologicalAchievement。

```
∨ 📇 第5章I/O系统.科技成果
    > 🗾 AchievementMain.java
    > 🗾 AchievementType.java
    > 🗾 DesignPatent.java
    > 🗾 InventionPatent.java
    > 🗾 SoftwareCopyright.java
    > 🗾 TechnologicalAchievement.java
    > 🗾 UtilTools.java
```

图 5-6　科技成果管理系统的类结构

```java
import java.io.Serializable;
//父类:科技成果
public abstract class TechnologicalAchievement implements Serializable,
Comparable<TechnologicalAchievement> {
    private static final long serialVersionUID = 1L;
    //private static final long serialVersionUID = 1L;
    private String name;                    //成果名称
    private String creator;                 //成果创造者
    private String description;             //成果描述
    private AchievementType type;           //成果类型

    public TechnologicalAchievement() {
        super();
    }
    //构造方法
```

```java
    public TechnologicalAchievement (String name, String creator, String
description, AchievementType type) {
        this.name = name;
        this.creator = creator;
        this.description = description;
        this.type = type;
    }
    //省略 Getter 和 Setter 方法
    //方法:返回科技成果的所有信息
    public String getInfo() {
        return "名称:" + this.name + ",创造者:" + this.creator + ",描述:" + this.
description + ",类型:" + this.type+this.getOther();
    }
    //抽象方法,具体实现由子类提供
    public abstract void displayDetail();
    public abstract String getOther();
    @Override
    public int hashCode() {
        final int prime = 31;
        int result = 1;
        result = prime * result + ((name == null) ? 0 : name.hashCode());
        return result;
    }

    @Override
    public boolean equals(Object obj) {
        if (this == obj)
            return true;
        if (obj == null)
            return false;
        if (getClass() != obj.getClass())
            return false;
        TechnologicalAchievement other = (TechnologicalAchievement) obj;
        if (name == null) {
            if (other.name != null)
                return false;
        } else if (!name.equals(other.name))
            return false;
        return true;
    }
    @Override
    public int compareTo(TechnologicalAchievement other) {
        if(this.getType().getNumber()>other.getType().getNumber())
            return 1;
        else
            return -1;
    }
    @Override
    public String toString() {
        return "TechnologicalAchievement{" +
```

```
                        "name='" + name + '\'' +
                        ", creator='" + creator + '\'' +
                        ", description='" + description + '\'' +
                        ", type=" + type +
                        '}';
        }
}
public enum AchievementType {
    //枚举类型:成果类型
        INVENTION_PATENT(1),                    //发明专利
        SOFTWARE_COPYRIGHT(2),                  //软件著作权
        DESIGN_PATENT(3);                       //外观设计专利
        public final int number;

        private AchievementType(int number) {
            this.number = number;
        }
        public int getNumber(){
            return this.number;
        }
}
import java.io.Serializable;

//子类:外观设计专利
public class DesignPatent extends TechnologicalAchievement implements Serializable {
    private String patentNumber;                //专利号
    private String issueDate;                   //授权日期
    private String designer;                    //设计者

    //构造方法
    public DesignPatent(String name, String creator, String description,
AchievementType type,String patentNumber, String issueDate, String designer) {
        super(name, creator, description,type);
        this.patentNumber = patentNumber;
        this.issueDate = issueDate;
        this.designer = designer;
    }
    //省略 Getter 和 Setter 方法
    @Override
    public void displayDetail() {
        System.out.println("外观设计专利:" + this.getName() + ",专利号:" + this.
getPatentNumber() + ",授权日期:" + this.getIssueDate() + ",设计者:" + this.
getDesigner());
    }
    @Override
    public String getOther() {
        String str=this.patentNumber+this.issueDate+this.designer;
        return str;
    }
}
```

```java
//子类:发明专利
public class InventionPatent extends TechnologicalAchievement implements
Serializable {
    /**
     *
     */
    private static final long serialVersionUID = 1L;
    private String patentNumber;                //专利号
    private String issueDate;                    //授权日期
    private String inventor;                     //发明人
    //构造方法
    public InventionPatent (String name, String creator, String description,
AchievementType type,String patentNumber, String issueDate, String inventor) {
        super(name, creator, description,type);
        this.patentNumber = patentNumber;
        this.issueDate = issueDate;
        this.inventor = inventor;
    }
    //省略 Getter 和 Setter 方法
    @Override
    public void displayDetail() {
        System.out.println("发明专利:" + this.getName() + ",专利号:" + this.
getPatentNumber() + ",授权日期:" + this.getIssueDate() + ",发明人:" + this.
getInventor());
    }
    @Override
    public String toString() {
        return super.toString()+"InventionPatent{" +
                "patentNumber='" + patentNumber + '\'' +
                ", issueDate='" + issueDate + '\'' +
                ", inventor='" + inventor + '\'' +
                '}';
    }
    @Override
    public String getOther() {
        String str=this.patentNumber+this.issueDate+this.inventor;
        return str;
    }
}
import java.io.Serializable;
//子类:软件著作权
public class SoftwareCopyright extends TechnologicalAchievement    implements
Serializable {
    /**
     *
     */
    private static final long serialVersionUID = 1L;
    private String copyrightNumber;             //著作权号
    private String registrationDate;            //登记日期
    private String owner;                       //著作权人
```

```java
    //构造方法
    public SoftwareCopyright(String name, String creator, String description,
AchievementType type, String copyrightNumber, String registrationDate, String
owner) {
        super(name, creator, description,type);
        this.copyrightNumber = copyrightNumber;
        this.registrationDate = registrationDate;
        this.owner = owner;
    }

    //省略 Getter 和 Setter 方法
    @Override
    public void displayDetail() {
        System.out.println("软件著作权:" + this.getName() + ",著作权号:" + this.
getCopyrightNumber() + ",登记日期:" + this.getRegistrationDate() + ",著作权人:"
+ this.getOwner());
    }

    @Override
    public String toString() {
        return super.toString () +" SoftwareCopyright [copyrightNumber =" +
copyrightNumber+ ", registrationDate=" + registrationDate ;
    }

    @Override
    public String getOther() {
        String str=this.copyrightNumber+this.registrationDate+this.owner;
        return str;
    }

}
import java.io.*;
import java.util.ArrayList;
import java.util.Collections;
import java.util.HashMap;
import java.util.Iterator;
import java.util.List;
import java.util.Map;

/*
* 主要方法:
* 1. 向文件中追加科技成果:appendTechnologicalAchievement(String fileName, List
<TechnologicalAchievement> achievements)
* 2. 从文件中读取科技成果:List<TechnologicalAchievement>
recoverTechnologicalAchievements(String fileName)
* 3. 从文件中删除科技成果(根据成果名):removeTechnologicalAchievement(String
fileName,String achievementName)
* 4. 统计各种类型科技成果数量:countTechnologicalAchievementBasedType(String
fileName)
```

* 5.根据关键字查找科技成果(只要成果中包含某个关键字):findTechnologicalAchievement
(String fileName,String key)
* 6.按类型显示科技成果信息:showTechnologicalAchievementBasedType (String
fileName)
* 7.显示集合中的科技成果信息:showAchievement(List<TechnologicalAchievement>
achievements)
* 8.把集合中的成果写入文件:saveTechnologicalAchievementToFile(String fileName,
List<TechnologicalAchievement> achievements)
* /
```java
public class UtilTools {
    //1.静态方法,向指定的序列化文件中追加多个 TechnologicalAchievement 对象
    public static void appendTechnologicalAchievement(String fileName,
            List<TechnologicalAchievement> achievements) throws IOException,
            ClassNotFoundException {
        //创建一个空的 List,用于存储文件中的 TechnologicalAchievement 对象
        List<TechnologicalAchievement> existingTechnologicalAchievements =
new ArrayList<>();

        //如果文件已经存在
        if (new File(fileName).exists()) {
            //创建文件输入流,读取指定的文件
            FileInputStream fileInputStream = new FileInputStream(fileName);

            //创建对象输入流,用于从文件输入流中读取对象
            ObjectInputStream objectInputStream = new ObjectInputStream(
                    fileInputStream);

            //循环读取对象,直到文件结束
            while (true) {
                try {
                    //从对象输入流中读取一个对象,并强制转换为 TechnologicalAchievement
                    //类型
                    TechnologicalAchievement existingTechnologicalAchievement =
(TechnologicalAchievement) objectInputStream.readObject();

                    //将读取的对象添加到 List 中
                    existingTechnologicalAchievements
                            .add(existingTechnologicalAchievement);
                } catch (EOFException e) {
                    //捕获到文件结束异常,退出循环
                    break;
                }
            }
            //关闭对象输入流和文件输入流,释放资源
            objectInputStream.close();
            fileInputStream.close();
        }
        //将新的 TechnologicalAchievements 对象添加到 List 的末尾
        existingTechnologicalAchievements.addAll(achievements);
        UtilTools.saveTechnologicalAchievementToFile(fileName,
```

```
                    existingTechnologicalAchievements);
    }

    //2.静态方法,从指定的序列化文件中恢复所有的 TechnologicalAchievement 对象,并
    //返回一个包含这些对象的 List
    public static List<TechnologicalAchievement> recoverTechnologicalAchievements(
            String fileName) throws IOException, ClassNotFoundException {
        //创建一个空的 List,用于存储恢复的 TechnologicalAchievement 对象
        List<TechnologicalAchievement> technologicalAchievements = new
ArrayList<>();

        //创建文件输入流,读取指定的文件
        FileInputStream fileInputStream = new FileInputStream(fileName);

        //创建对象输入流,用于从文件输入流中读取对象
        ObjectInputStream objectInputStream = new ObjectInputStream(
            fileInputStream);

        //循环读取对象,直到文件结束
        while (true) {
            try {
                //从对象输入流中读取一个对象,并强制转换为 TechnologicalAchievement
                //类型
                TechnologicalAchievement achievement = (TechnologicalAchievement)
                    objectInputStream.readObject();
                //将恢复的对象添加到 List 中
                technologicalAchievements.add(achievement);
            } catch (EOFException e) {
                //捕获到文件结束异常,退出循环
                break;
            }
        }
        //关闭对象输入流和文件输入流,释放资源
        objectInputStream.close();
        fileInputStream.close();
        //返回恢复的 InventionPatent 对象列表
        return technologicalAchievements;
    }

    //3.从文件中删除科技成果(根据成果名): removeTechnologicalAchievement(String
    //fileName,String number)
    public static boolean removeTechnologicalAchievement(String fileName,
            String achievementName) throws ClassNotFoundException, IOException {
        //从文件中读取成果并保存在集合中,从集合中删除科技成果,把集合中的内容写入文件
        List<TechnologicalAchievement> achievements = new ArrayList<>();
        achievements = UtilTools.recoverTechnologicalAchievements(fileName);
        TechnologicalAchievement achievement = null;
        Iterator it = achievements.iterator();
        while (it.hasNext()) {
            achievement = (TechnologicalAchievement) it.next();
```

```
                if (achievement.getName().equals(achievementName))
                                                    //如果当前成果名==需要删除的成果名
                    it.remove();                    //删除该成果
        }
        //achievements.remove(achievementName);
                //需要在类 TechnologicalAchievement 中实现 equals 方法,判断==计算
        UtilTools.saveTechnologicalAchievementToFile(fileName, achievements);
        return true;
    }

    //4. 统计各种类型科技成果数量:countTechnologicalAchievementBasedType(String
fileName)
    //使用 Map<类型,数量>记录各种类型成果信息
    public static Map<AchievementType, Integer>
countTechnologicalAchievementBasedType(
        String fileName) throws ClassNotFoundException, IOException {
        Map<AchievementType, Integer> map = new HashMap<>();
        List<TechnologicalAchievement> achievements = new ArrayList<>();
        achievements = UtilTools.recoverTechnologicalAchievements(fileName);
                                        //获得所有成果信息,保存在集合中
        int d = 0, i = 0, s = 0;   //d 表示 DesignPatent 数量,i 表示 InventionPatent
                                    //数量,s 表示 SoftwareCopyright 数量
        for (TechnologicalAchievement achievement : achievements) {
                                    //遍历成果集合,根据类型增加数量
            switch (achievement.getType()) {
            case DESIGN_PATENT:
                d++;
                map.put(AchievementType.DESIGN_PATENT, d);
                break;
            case INVENTION_PATENT:
                i++;
                map.put(AchievementTypc.INVENTION_PATENT, i);
                break;
            case SOFTWARE_COPYRIGHT:
                s++;
                map.put(AchievementType.SOFTWARE_COPYRIGHT, s);
                break;
            default:
                break;
            }
        }
        return map;
    }
    //5. 根据关键字查找科技成果(只要成果中包含某个关键字),保存在集合中:
findTechnologicalAchievement(String fileName,String key)
    public static List<TechnologicalAchievement> findTechnologicalAchievement
(String fileName,String key) throws ClassNotFoundException, IOException{
        //从文件中读取成果并保存在集合中,从集合中从所有字段 toString 查找关键字 key,把查
        //找结果保存在集合中
        List<TechnologicalAchievement> achievements = new ArrayList<>();
```

```
        achievements = UtilTools.recoverTechnologicalAchievements(fileName);
        TechnologicalAchievement achievement = null;
        List<TechnologicalAchievement> tempList=new ArrayList<>();
                                            //保存查找结果的集合
        Iterator it = achievements.iterator();
        while (it.hasNext()) {
            achievement = (TechnologicalAchievement) it.next();
            if (achievement.getInfo().contains(key))
                                    //如果当前成果中包含关键字 key
                tempList.add(achievement);    //保存该成果
        }

        return tempList;
    }
    //6.按类型显示科技成果信息:showTechnologicalAchievementBasedType(String
fileName)
    //例如,显示发明专利、外观专利、软件著作权……
    public static void showTechnologicalAchievementBasedType(String fileName)
throws ClassNotFoundException, IOException{
        //从文件中读取成果放入集合,对集合元素按类型进行排序,然后输出集合
        List<TechnologicalAchievement> achievements = new ArrayList<>();
        achievements = UtilTools.recoverTechnologicalAchievements(fileName);
        Collections.sort(achievements);
        for(TechnologicalAchievement a:achievements){
            System.out.println("排序结果:---"+a);
        }

    }
    //7.显示集合中的科技成果信息
    public static void showAchievement(
        List<TechnologicalAchievement> achievements) {
        System.out.println("---显示科技成果----");
        for (TechnologicalAchievement achievement : achievements) {
            System.out.println(achievement);
        }
    }

    //8.把集合中的成果写入文件
    private static void saveTechnologicalAchievementToFile(String fileName,
        List<TechnologicalAchievement> achievements) throws IOException {
        //创建文件输入流,读取指定的文件
        FileOutputStream fos = new FileOutputStream(fileName);
        //创建对象输入流,用于从文件输入流中读取对象
        ObjectOutputStream oos = new ObjectOutputStream(fos);
        for (TechnologicalAchievement achievement : achievements) {
            oos.writeObject(achievement);
        }
        fos.close();
        oos.close();
    }
}
```

4. 运行结果

以下是科技成果管理系统的测试类。

```java
import java.io.IOException;
import java.util.ArrayList;
import java.util.Arrays;
import java.util.List;
import java.util.Map;
import java.util.Map.Entry;
import java.util.Set;

import 第5章IO系统.科技成果.AchievementType;

public class AchievementMain {
    public static void main(String[] args) throws Exception {
/*
        //创建一个TechnologicalAchievement集合
        List<TechnologicalAchievement> achievementList = new ArrayList
<TechnologicalAchievement>();
        TechnologicalAchievement[] ta={
                new InventionPatent("专利1", "孙悟空", "一个5G专利",
AchievementType.INVENTION_PATENT,"Z001", "2019-10-25", "孙悟空"),
                new InventionPatent("专利2", "孙悟空", "一个5G专利2",
AchievementType.INVENTION_PATENT,"Z002", "2019-10-26", "孙悟空"),
                new SoftwareCopyright("软件著作权1", "猪八戒", "管理系统",
AchievementType.SOFTWARE_COPYRIGHT, "S001", "2013-9-12", "猪八戒"),
                new DesignPatent("外观专利1", "唐僧", "霉茶外观",AchievementType.
DESIGN_PATENT , "W001", "2016-8-19", "沙和尚")
        };
        achievementList=Arrays.asList(ta);
        //保存数组到文件
        try {
            UtilTools.appendTechnologicalAchievement(
                    "E:\\Java实践指导\\patents.ser", achievementList);
                                        //调用保存方法
            System.out
                    .println("InventionPatent array has been serialized and saved
in patents.ser file.");
        } catch (Exception e) {
            e.printStackTrace();                //打印异常堆栈信息
        }
*/
        /*
         * List<TechnologicalAchievement> achievementList2 = null; try { //
         * 调用恢复方法,从文件中恢复InventionPatent对象数组 achievementList2
= UtilTools
         * .recoverTechnologicalAchievements ( "E:\\Java实践指导\\patents.
ser"); //
```

```
            * 遍历恢复的对象数组,并打印每个对象的信息 //UtilTools.showAchievement
(achievementList2);
            * } catch (IOException | ClassNotFoundException e) {    //打印异常堆栈信息
            * e.printStackTrace(); }
        * /
        //测试根据成果名删除一个成果
        /*
         * UtilTools.removeTechnologicalAchievement("E:\\Java实践指导\\
patents.ser",
         * "Patent1xxxx"); List<TechnologicalAchievement> achievementList2 =
         * null; achievementList2 =
         * UtilTools.recoverTechnologicalAchievements("E:\\Java实践指导\\patents
.ser"
         * ); UtilTools.showAchievement(achievementList2);
        * /
        //测试统计各种类型科技成果数量:countTechnologicalAchievementBasedType
(String
        //fileName)
        Map<AchievementType, Integer> map = UtilTools
                .countTechnologicalAchievementBasedType("E:\\Java实践指导\\
patents.ser");
        Set<Entry<AchievementType, Integer>> set=map.entrySet();
        for(Entry<AchievementType, Integer> en:set){
            System.out.println(en);
        }
        //测试根据关键字查找
        List<TechnologicalAchievement> tempList=UtilTools.
findTechnologicalAchievement("E:\\Java实践指导\\patents.ser","专利");
        for(TechnologicalAchievement a:tempList){
            System.out.println("查找结果----"+a);
        }
        //排序
         UtilTools.showTechnologicalAchievementBasedType("E:\\Java实践指导\\
patents.ser");
        //显示所有成果信息
        List<TechnologicalAchievement> achievementListTemp=null;
        achievementListTemp=UtilTools.recoverTechnologicalAchievements("E:\\
Java实践指导\\patents.ser");
        UtilTools.showAchievement(achievementListTemp);
    }
}
```

（1）增加成果信息。定义方法 public static void appendTechnologicalAchievement
（String fileName，List ＜ TechnologicalAchievement ＞ achievements），把成果集合
achievements 中的所有成果增加了文件 fileName。

假设有如表 5-1 的成果,使用序列化技术把这些成果保存在文件"E：\\Java 实践指导\\
achievemen.ser"(运行 2 次,所有成果保存 2 次)中,然后使用反序列化技术从该文件提取成
果信息,如图 5-7 所示。

表 5-1　科技成果信息表

成果名	成果创建者	成果描述	成果类型	成果编号	批准日期	成果所有者
专利 1	孙悟空	一个 5G 专利	发明专利	Z001	2019-10-25	孙悟空
专利 2	孙悟空	一个 5G 专利 2	发明专利	Z002	2019-10-26	孙悟空
软件著作权 1	猪八戒	管理系统	软件著作权	S001	2013-9-12	猪八戒
外观专利 1	唐僧	霉茶外观	外观设计专利	W001	2016-8-19	唐僧

```
---显示科技成果----
TechnologicalAchievement{name='专利1', creator='孙悟空', description='一个5G专利', type=INVENTION_PATENT}Invention
TechnologicalAchievement{name='专利2', creator='孙悟空', description='一个5G专利2', type=INVENTION_PATENT}Inventio
TechnologicalAchievement{name='软件著作权1', creator='猪八戒', description='管理系统', type=SOFTWARE_COPYRIGHT}Softw
TechnologicalAchievement{name='外观专利1', creator='唐僧', description='霉茶外观', type=DESIGN_PATENT}
TechnologicalAchievement{name='专利1', creator='孙悟空', description='一个5G专利', type=INVENTION_PATENT}Invention
TechnologicalAchievement{name='专利2', creator='孙悟空', description='一个5G专利2', type=INVENTION_PATENT}Inventio
TechnologicalAchievement{name='软件著作权1', creator='猪八戒', description='管理系统', type=SOFTWARE_COPYRIGHT}Softw
TechnologicalAchievement{name='外观专利1', creator='唐僧', description='霉茶外观', type=DESIGN_PATENT}
```

图 5-7　使用反序列化技术从该文件提取成果信息

（2）根据成果名删除成果信息。定义方法 public static boolean removeTechnological-Achievement（String fileName，String achievementName），从序列化文件 fileName 中删除成果名为 achievementName 的成果。

例如，使用 UtilTools.removeTechnologicalAchievement（"E：\\Java 实践指导\\patents.ser"，"软件著作权 1"）；删除一个成果。

（3）显示各种类型科技成果数量。定义方法 public static Map＜AchievementType，Integer＞ countTechnologicalAchievementBasedType（String fileName），统计各种成果类型的成果数量，并保存在 Map 集合中。图 5-8 显示各种类型科技成果数量。

```
SOFTWARE_COPYRIGHT=2
DESIGN_PATENT=2
INVENTION_PATENT=4
```

图 5-8　科技成果数量

（4）根据关键字查找科技成果。定义方法 public static List＜TechnologicalAchievement＞ findTechnologicalAchievement（String fileName，String key），返回成果文件 fileName 中的成果包含 key 信息的成果。

例如，使用 UtilTools.findTechnologicalAchievement（"E：\\Java 实践指导\\patents.ser"，"专利"）；查找成果中包含"专利"的成果，运行结果如图 5-9 所示，成果中都有"专利"字符串。

```
查找结果----TechnologicalAchievement{name='专利1', creator='孙悟空', description='一个5G专利', type=INVENTION_PATEN
查找结果----TechnologicalAchievement{name='专利2', creator='孙悟空', description='一个5G专利2', type=INVENTION_PATE
查找结果----TechnologicalAchievement{name='外观专利1', creator='唐僧', description='霉茶外观', type=DESIGN_PATENT}
查找结果----TechnologicalAchievement{name='专利1', creator='孙悟空', description='一个5G专利', type=INVENTION_PATEN
查找结果----TechnologicalAchievement{name='专利2', creator='孙悟空', description='一个5G专利2', type=INVENTION_PATE
查找结果----TechnologicalAchievement{name='外观专利1', creator='唐僧', description='霉茶外观', type=DESIGN_PATENT}
```

图 5-9　查找科技成果

（5）按类型显示科技成果信息。定义方法 public static void showTechnological-AchievementBasedType（String fileName），根据成果类型显示成果信息。例如，使用 UtilTools.showTechnologicalAchievementBasedType（"E：\\Java 实践指导\\patents.ser"）；运行结果如图 5-10 所示。

```
排序结果: ---TechnologicalAchievement{name='专利2', creator='孙悟空', description='一个5G专利2', type=INVENTION_PAT
排序结果: ---TechnologicalAchievement{name='专利1', creator='孙悟空', description='一个5G专利', type=INVENTION_PATE
排序结果: ---TechnologicalAchievement{name='专利2', creator='孙悟空', description='一个5G专利2', type=INVENTION_PAT
排序结果: ---TechnologicalAchievement{name='专利1', creator='孙悟空', description='一个5G专利', type=INVENTION_PATE
排序结果: ---TechnologicalAchievement{name='软件著作权1', creator='猪八戒', description='管理系统', type=SOFTWARE_CO
排序结果: ---TechnologicalAchievement{name='软件著作权1', creator='猪八戒', description='管理系统', type=SOFTWARE_CO
排序结果: ---TechnologicalAchievement{name='外观专利1', creator='唐僧', description='霉苶外观', type=DESIGN_PATENT}
排序结果: ---TechnologicalAchievement{name='外观专利1', creator='唐僧', description='霉苶外观', type=DESIGN_PATENT}
```

图 5-10　科技成果排序

5.4　注意事项

（1）构建合适的类结构，科技成果 TechnologicalAchievement 父类要实现序列化接口 Serializable 和比较接口 Comparable，子类要实现序列化接口 Serializable，为了实现搜索科技成果对象的所有信息，在 TechnologicalAchievement 中定义抽象方法 getOther() 获得科技成果其他信息，所有子类重写该方法，TechnologicalAchievement 中定义的 getInfo() 方法获得本对象以及子类对象(getOther())的所有信息。

（2）枚举类 AchievementType 列举成果类型，需要为常量赋值。

（3）为提高处理成果效率，采用集合 ArrayList 保存反序列化对象，包括专利、软件著作权和外观设计专利，集合类型需使用父类 TechnologicalAchievement。

5.5　实践任务

任务 1　处理 Word 文件

使用 Apache POI 处理 Word 文件，具体要求如下：

（1）提取 Word 文件中的所有段落，记录每个段落的字符数；

（2）提取 Word 文件中的所有图片，并保存在另一个 Word 文件中；

（3）提取 Word 文件中的所有表格，并保存在另一个文件中；

（4）在 Word 文件每一页的页脚处增加页码；

（5）在 Word 文件的指定段落后面增加一张图片。

任务 2　商品管理子系统

某超市销售的商品包括电器、床上用品、纸制品、饮料等，不能使用数据库技术，主要使用 IO 技术为某超市开发商品管理子系统，完成如下任务：

（1）为该超市增加商品；

（2）删除该超市的某个商品，例如，删除编号为 2001 的所有商品；

（3）根据商品名查找商品，例如，查找商品名为"抽纸"的所有商品；

（4）根据商品编号修改某商品指定内容，例如，修改编号为 1001 的商品的保质期限为 3 年；

（5）显示所有商品信息；

（6）统计某类商品的库存，例如，统计"抽纸"的库存；

（7）查找库存少于 10 件的商品；

（8）按照商品库存量从小到大排序显示。

第6章 集 合

6.1 知 识 简 介

为处理类型相同的大规模数据,Java 提供了数组和集合两种处理方式。Java 数组的主要优点是空间使用效率高、类型安全、使用简单、长度可变、原生支持,数组的局限性是长度固定且不易扩展、更新元素时性能较低。

Java 集合是另一种可以有效处理类型相同的大规模数据的数据结构,它的主要作用是存储和操作对象集合。Java 集合框架主要包括 Collection 和 Map 两部分,Collection 是存储一组对象的容器,Map 用于存储键值(Key-Value)对。Java 集合框架的主要优点如下:第一,开发者可根据需要选择最适合的集合存储和操作数据;第二,能够提高效率;第三,线程安全;第四,支持泛型;第五,支持数据持久化;第六,支持事件处理;第七,支持与其他框架(如 Swing、Hibernate 等)集成。

Java 集合框架如图 6-1 所示,主要包括 Collection 接口、List 子接口、Set 接口、Map 接口以及 Iterator 接口。

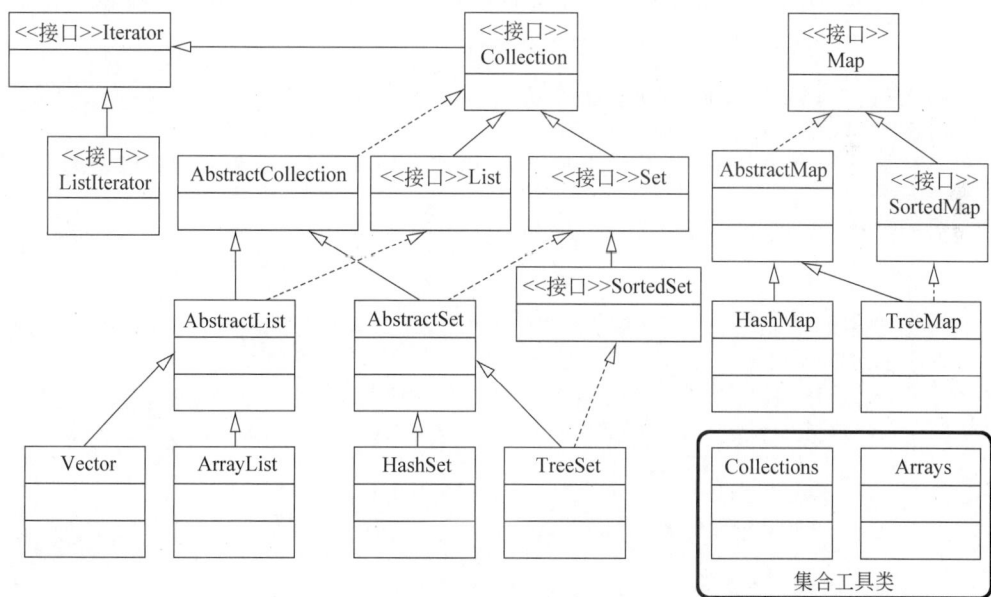

图 6-1 Java 集合框架

Collection 是集合框架中的顶级接口,用于表示一组对象(元素),Collection 接口提供了添加、删除、遍历等操作元素的方法。Collection 接口的主要方法如下。

(1) boolean add(E e):将指定的元素插入集合。

(2) boolean remove(Object o):从集合中移除指定的元素(如果存在)。

（3）boolean contains(Object o)：如果集合包含指定元素，返回 true。

（4）int size()：返回集合的元素个数。

（5）Iterator＜E＞ iterator()：返回迭代器。

（6）boolean containsAll(Collection＜?＞ c)：如果集合包含指定集合中的所有元素，返回 true。

（7）boolean addAll(Collection＜? extends E＞ c)：将指定集合中的所有元素插入该集合。

（8）boolean removeAll(Collection＜?＞ c)：从集合中移除指定集合中的所有元素。

（9）void clear()：移除集合中的所有元素。

（10）Object[] toArray()：将集合中的元素返回为一个新的数组。

（11）＜T＞ T[] toArray(T[] a)：将集合中的元素返回为一个指定类型的新数组。

List 接口是 Collection 接口的子接口，它继承了 Collection 接口的所有方法，并添加了一些特有方法，如基于索引的访问和修改元素等，该接口不允许存储重复元素，List 接口的主要实现类有 ArrayList、LinkedList 等。Queue 接口是 List 接口的子接口，用于表示队列数据结构，Queue 接口的主要实现类有 LinkedList、PriorityQueue 等。

List 接口定义如下特有方法。

（1）get(int index)：通过索引获取指定位置的元素。

（2）set(int index，E element)：替换指定位置的元素。

（3）add(int index，E element)：在指定位置插入元素。

（4）remove(int index)：移除指定位置的元素。

（5）listIterator(int index)：返回一个新的 ListIterator 接口，从指定位置开始迭代。

（6）subList(int fromIndex，int toIndex)：返回包含从 fromIndex 到 toIndex(包括 fromIndex，不包括 toIndex)的元素子列表。

以下代码使用 ArrayList 保存学生基本信息，然后使用 foreach 语句遍历该集合。

```java
//定义学生类
class Student{
    private String name;
    private int age;
    //省略其他代码
}
public class Main {
    public static void main(String[] args) {
        List<Student> list=new ArrayList<>();
        list.add(new Student("孙悟空",22));    //向集合增加元素
        list.add(new Student("猪八戒",29));
        list.add(new Student("唐僧",18));
        Object[] sts=new Student[3];
        sts=list.toArray();                    //把集合转换成数组
        for(Object std:sts){                   //遍历数组
            System.out.println(std);
        }
    }
}
```

Set 接口也是 Collection 接口的子接口,它不允许存储重复的元素,该接口的主要实现类有 HashSet、LinkedHashSet、TreeSet 等。

Set 接口定义了如下特有方法。

(1) boolean add(E e):向集合添加元素。

(2) boolean addAll(Collection<? extends E> c):将指定集合中的所有元素添加到集合。

(3) void clear():删除集合中的所有元素。

(4) boolean contains(Object o):如果集合包含指定元素,返回 true。

(5) boolean containsAll(Collection<?> c):如果集合包含指定集合的所有元素,返回 true。

(6) boolean isEmpty():如果集合不包含元素,返回 true。

(7) Iterator<E> iterator():返回集合元素的迭代器。

TreeSet 是一个有序的且没有重复元素的集合,它继承了 AbstractSet 抽象类,并实现了 NavigableSet<E>, Cloneable, java.io.Serializable 接口。它支持自然排序或根据创建 TreeSet 时提供的 Comparator 进行排序。如果自然排序,则集合元素类型要实现 Comparable 接口指定排序规则;如果指定排序,需要定义排序规则类实现 Comparator 接口。

下例演示了通过指定排序方式保存 Student 对象信息。

```java
class Student{
    private String name;
    private int age;
    //省略其他代码
}

public class Main {                              //测试类
    public static void main(String[] args) {
        //创建 TreeSet 对象时,通过实现 Comparator 接口的匿名类指定排序规则,
        //按 Student 的年龄从小到大排序
        TreeSet<Student> set = new TreeSet<>(new Comparator<Student>() {
            @Override
            public int compare(Student s1, Student s2) {
                return Integer.compare(s1.getAge(), s2.getAge());
            }
        });
        set.add(new Student("孙悟空", 20));       //向集合增加元素
        set.add(new Student("猪八戒", 18));
        set.add(new Student("唐僧", 22));
        set.add(new Student("沙和尚", 21));
        for (Student s : set) {                   //遍历集合,输出结果按年龄从小到大排序
            System.out.println(s);
        }
    }
}
```

Map 接口用于存储键值对数据，Map 中的每个元素包含一对键值，键是唯一的，值可以重复，Map 接口的主要实现类有 HashMap、LinkedHashMap、TreeMap 等。SortedMap 是 Map 的子接口，它提供了对键进行排序和搜索的功能，SortedMap 的主要实现类是 TreeMap。

以下代码演示了 TreeMap 的基本使用方法，Student 类作为 Key，实现 Comparable 接口按年龄从小到大排序，专业 Major 作为 Value。使用 keySet() 方法获取所有键（学生对象），然后使用 get() 方法获取与每个键相关联的值（专业）。

```java
public class Student implements Comparable<Student>{
                                              //实现 Comparable 接口,完成自然排序
    private String name;
    private int age;
    //... 省略构造方法、setter 和 getter 方法,以及其他方法
    @Override
    public int compareTo(Student other) {      //自然排序规则
        return this.age - other.age;           //按年龄从小到大排序
    }
}
public class Major {                           //定义专业类
    private String name;
    //...省略其他内容 ...
}
public class Main {                            //测试类
    public static void main(String[] args) {
        TreeMap<Student, Major> treeMap = new TreeMap<>();
        treeMap.put(new Student("孙悟空", 18), new Major("计算机专业"));
        treeMap.put(new Student("猪八戒", 20), new Major("电气工程专业"));
        treeMap.put(new Student("唐僧", 22), new Major("哲学专业"));
        treeMap.put(new Student("沙和尚", 21), new Major("水利工程专业"));
        //遍历 TreeMap 并输出结果
        for (Student student : treeMap.keySet()) {
            System.out.println( student+ treeMap.get(student));
        }
    }
}
```

Properties 类是 Hashtable 的子类，它主要用于处理属性列表（键值对列表），Properties 类提供了读取、写入属性等一些方法操作属性列表。

Iterator 是 Java 集合框架中的一个重要接口，使用 Iterator 接口可以方便地遍历集合元素，而不需要关心集合的具体实现方式。Iterator 接口定义了以下 3 个方法。

（1）hasNext()：判断集合中是否还有元素可迭代。

（2）next()：返回集合中的下一个元素，并将迭代器向前移动一位。

（3）remove()：从集合中删除迭代器最后一次返回的元素。

以下代码演示了使用 ArrayList 集合保存 Student 对象，使用 Iterator 遍历该集合，遍历过程中删除年龄等于 20 的学生对象的过程。

```java
public class Main {
    public static void main(String[] args) {
        //创建一个 ArrayList 来保存 Student 对象
        ArrayList<Student> students = new ArrayList<>();
        students.add(new Student("孙悟空", 18));
        students.add(new Student("猪八戒", 20));
        students.add(new Student("唐僧", 22));
        students.add(new Student("沙和尚", 21));
        //使用 Iterator 遍历该集合
        Iterator<Student> iterator = students.iterator();
        while (iterator.hasNext()) {
            Student student = iterator.next();
            //如果某个条件满足,就删除该 Student 对象
            if (student.getAge() == 20) {        //删除年龄为 20 的学生
                iterator.remove();
            }
        }
        //输出剩余的学生对象以验证删除操作是否成功
        for (Student student : students) {
            System.out.println( student);
        }
    }
}
```

6.2   实 践 目 的

通过项目实践,加深读者对 Collection、List、Set、Map 和 Iterator 等 Java 集合框架以及它们在内存中的存储机制和性能特性等知识的理解,培养读者通过分析现实问题,能选择合适的集合完成数据存储、检索、更新、删除以及简单数据分析的建模,并使用 Java 集合框架设计实现该模型的能力。

6.3   实 践 范 例

6.3.1   范例 1   国家重点工程管理

1. 范例描述

改革开放后,中国经济社会发展驶入快车道,众多工程建设如雨后春笋般涌现,取得了举世瞩目的成就。这些工程不仅代表着中国在科技和基础设施建设方面的突破,更体现了中国经济的蓬勃发展和综合国力的不断提升。例如,北斗卫星导航系统的建设是中国在空间科技领域的一项重大成果;中国空间站的建设是中国航天事业的重要里程碑;中国高速铁路网的建设也是中国现代化建设的一大亮点。这些工程的成功建设,不仅提升了中国的国际形象和地位,更为中国经济社会的持续发展注入了强大动力。未来,随着更多创新性工程的不断涌现,中国经济社会发展的前景将更加广阔。

现使用 TreeSet 集合保存代表性工程项目,项目字段有项目名、项目描述、项目建设开

始时间、项目建设完成时间、项目预算、项目状态、项目团队成员,管理要求如下:①向 TreeSet 集合增加新项目;②按工程开始时间、工程总预算排序;③修改指定工程项目;④删除指定工程项目;⑤按照关键字搜索工程项目;⑥显示所有工程项目。

2. 范例分析

本任务要求使用 TreeSet 集合对代表性工程项目进行存储和管理,包括增、删、查、改等功能。TreeSet 集合要求对对象进行排序,该对象需要实现比较接口 Comparable 进行自然排序,或在创建 TreeSet 对象时通过接口 Comparator 的子对象进行定制排序。

项目类 Project 属性包括项目名、项目描述、项目建设开始时间、项目建设完成时间、项目预算、项目状态、项目团队成员等。需要定义多个构造方法便于创建不同情况下的项目对象。类 StartTimeComparator 实现 Comparator<Project>接口,根据项目开始时间从小到大对 TreeSet 集合进行排序;类 BudgetComparator 实现 Comparator<Project>接口,根据项目预算从小到大对 TreeSet 集合进行排序。团队成员是 Person 对象,需要定义 Person 类。在 ProjectManagement 类中定义静态方法,完成对项目的管理。国家重点工程问题的 UML 类结构如图 6-2 所示。

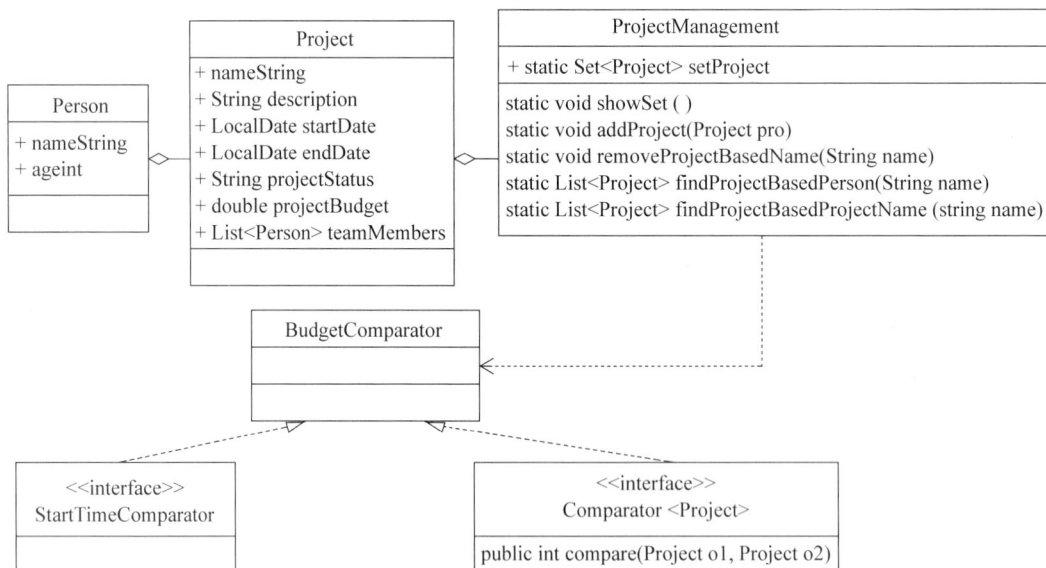

图 6-2　国家重点工程问题的 UML 类结构

3. 范例代码

```java
import java.time.LocalDate;
import java.util.List;
//工程项目的基本信息
public class Project {
    private String name;                    //名称
    private String description;             //描述或简要说明
    private LocalDate startDate;            //开始日期
    private LocalDate endDate;              //预计结束日期
    private Person projectLeader;          //领导或负责人
```

```java
    private double projectBudget;                    //预算
    private String projectStatus;                    //当前状态(如"进行中""已完成"等)
    private List<LocalDate> milestones;              //重要里程碑或时间点
    private List<Person> teamMembers;                //团队成员
    private List<String> risksAndIssues;             //风险和问题列表
    private String notes;                            //额外注释或说明
    public Project() {
        super();
    }
    public Project(String name, LocalDate startDate, LocalDate endDate,
            double projectBudget) {
        super();
        this.name = name;
        this.startDate = startDate;
        this.endDate = endDate;
        this.projectBudget = projectBudget;
    }
    public Project(String name, LocalDate startDate, LocalDate endDate,
            double projectBudget, String projectStatus, List<Person> teamMembers) {
        super();
        this.name = name;
        this.startDate = startDate;
        this.endDate = endDate;
        this.projectBudget = projectBudget;
        this.projectStatus = projectStatus;
        this.teamMembers = teamMembers;
    }
    public Project(String name, String description, LocalDate startDate,
            LocalDate endDate, Person projectLeader, double projectBudget,
            String projectStatus, List<LocalDate> milestones,
            List<Person> teamMembers, List<String> risksAndIssues, String notes) {
        super();
        this.name = name;
        this.description = description;
        this.startDate = startDate;
        this.endDate = endDate;
        this.projectLeader = projectLeader;
        this.projectBudget = projectBudget;
        this.projectStatus = projectStatus;
        this.milestones = milestones;
        this.teamMembers = teamMembers;
        this.risksAndIssues = risksAndIssues;
        this.notes = notes;
    }
    //省略Setter和Getter方法
    @Override
    public String toString() {
        return "项目信息 [name=" + name + ", description=" + description
                + ", startDate=" + startDate + ", endDate=" + endDate
                + ", projectLeader=" + projectLeader + ", projectBudget="
```

```java
                + projectBudget + ", projectStatus=" + projectStatus
                + ", milestones=" + milestones + ", teamMembers=" + teamMembers
                + ", risksAndIssues=" + risksAndIssues + ", notes=" + notes
                + "]";
    }
}


//人员信息类
public class Person {
    private String name;                        //姓名
    private int age;                            //性别
    public Person(){}
    public Person(String name, int age) {
        super();
        this.name = name;
        this.age = age;
    }
    //省略 Setter 和 Getter 方法
    @Override
    public String toString() {
        return "Person [name=" + name + ", age=" + age + "]";
    }

}


import java.util.Comparator;

//按项目开始时间从小到大排序
public class StartTimeComparator implements Comparator<Project> {
    @Override
    public int compare(Project o1, Project o2) {    //比较开始时间
        if (o1.getStartDate().isBefore(o2.getStartDate()))
            return -1;
        else
            return 1;
    }
}


import java.util.Comparator;
//按项目预算从小到大排序
public class BudgetComparator implements Comparator<Project> {
    @Override
    public int compare(Project o1, Project o2) {    //比较预算
        if(o1.getProjectBudget()-o2.getProjectBudget()<=0)
            return -1;
        else
            return 1;
    }
}
```

```java
import java.util.ArrayList;
import java.util.Iterator;
import java.util.List;
import java.util.Set;
import java.util.TreeSet;

//工程项目管理
public class ProjectManagement {
    public static Set<Project> setProject = new TreeSet<>(
            new StartTimeComparator());

    //1. 显示 set 集合的所有元素
    public static void showSet() {
        Iterator<Project> it = setProject.iterator();
        while (it.hasNext()) {
            Project pro = it.next();
            System.out.println(pro);
        }
    }

    //2. 向 set 集合增加一个项目
    public static void addProject(Project pro) {
        setProject.add(pro);

    }
    //3. 向 set 集合增加一个 Project 项目集合
    public  static void addProject(Set<Project> set){
        setProject.addAll(set);

    }
    //4. 根据项目名删除一个项目
    public static void removeProjectBasedName(String name) {
        Iterator<Project> it = setProject.iterator();
        while (it.hasNext()) {               //遍历项目 set 集合,同时删除名为 name 的元素
            if (it.next().getName().equalsIgnoreCase(name))
                it.remove();                  //删除该项目
        }
    }
    //5. 查找某人(根据人名)参加的项目
    public static List<Project> findProjectBasedPerson(String name) {
        Iterator<Project> it = setProject.iterator();
        List<Project> resultList = new ArrayList<>();
        while (it.hasNext()) {                        //遍历项目 set 集合,如果项目的成员
                                                      //人名有 name,该项目加入 List 集合
            Project pro = it.next();                  //获得当前项目
            if (pro.getTeamMembers() != null) { //如果当前项目设定了团队
                Iterator<Person> itMember = pro.getTeamMembers().iterator();
                                          //获得当前项目团队成员的迭代器
                while (itMember.hasNext()) {    //遍历项目团队成员集合
                    if (itMember.next().getName().equalsIgnoreCase(name)) {
                                               //如果成员名为查找的 name
```

```
                    resultList.add(pro);
                }
            }
        }
    }
    return resultList;
}
//6.根据项目名(关键字)名查找项目,一个关键字可能返回多个项目
public static List<Project> findProjectBasedProjectName(String name){
    List<Project> resultList=new ArrayList<>();    //保存查找结果
    Iterator<Project> it=setProject.iterator();
    while(it.hasNext()){
        Project pro=it.next();                      //获得当前项目
        if(pro.getName().contains(name))            //如果当前项目名是查找的项目名
            resultList.add(pro);                    //把该项目增加了查找结果
    }
    return resultList;
}
}
```

国家重点工程管理的测试类如下。

```
import java.time.LocalDate;
import java.util.ArrayList;
import java.util.List;
import java.util.Set;
import java.util.TreeSet;
//测试类
public class Main {
    public static void main(String[] args) {
        //1.准备数据
        //1.1 准备团队成员
        List<Person> proMemberOfSpaceStation=new ArrayList<>();
                                                    //空间站团队成员
        proMemberOfSpaceStation.add(new Person("杨长风",45));
        proMemberOfSpaceStation.add(new Person("王亚平",35));
        proMemberOfSpaceStation.add(new Person("戚发轫",35));

        List<Person> proMemberOfBeidou=new ArrayList<>();  //北斗团队成员
        proMemberOfBeidou.add(new Person("林宝军",35));
        proMemberOfBeidou.add(new Person("陆新颖",51));

        List<Person> proMemberOfBridge=new ArrayList<>();  //港珠澳大桥团队成员
        proMemberOfBridge.add(new Person("孟凡超",41));
        proMemberOfBridge.add(new Person("张劲文",52));

        List<Person> proMemberOfThreeGorges=new ArrayList<>();  //三峡团队成员
        proMemberOfThreeGorges.add(new Person("郑守仁",44));
        proMemberOfThreeGorges.add(new Person("黄爱国",51));
```

```java
        proMemberOfThreeGorges.add(new Person("张晨曦",51));

        List<Person> proMemberOfTunnelA=new ArrayList<>();   //隧道 A 团队成员
        proMemberOfTunnelA.add(new Person("张志远",32));
        proMemberOfTunnelA.add(new Person("张晨曦",28));

        List<Person> proMemberOfTunnelB=new ArrayList<>();   //隧道 B 团队成员
        proMemberOfTunnelB.add(new Person("吴博文",39));
        proMemberOfTunnelB.add(new Person("张晨曦",28));

        //1.2 准备项目数据
        Set<Project> setProject = new TreeSet<>(new StartTimeComparator());
                                    //创建项目集合,定制排序规则:按开始时间排序
        setProject.add(new Project("中国空间站",LocalDate.of(2010, 1, 1),
LocalDate.of(2022, 12, 31),600.00,"完成",proMemberOfSpaceStation));
        setProject.add(new Project("北斗三号卫星导航系统",LocalDate.of(2017,11,
5),LocalDate.of(2020, 6, 23),1200.00,"完成",proMemberOfBeidou));
        setProject.add(new Project("港珠澳大桥",LocalDate.of(2009,12, 15),
LocalDate.of(2018, 10, 24),1259.00,"完成",proMemberOfBridge));
        setProject.add(new Project("长江三峡水利枢纽工程",LocalDate.of(1994,12,
14),LocalDate.of(2012, 7, 1),1352.00,"完成",proMemberOfThreeGorges));
        setProject.add(new Project("大山隧道 A",LocalDate.of(2013,3, 1),
LocalDate.of(2015, 6, 18),15.00,"完成",proMemberOfTunnelA));
        setProject.add(new Project("大山隧道 B",LocalDate.of(2023,5, 20),
LocalDate.of(2025, 8, 12),15.00,"在建",proMemberOfTunnelB));
        ProjectManagement.addProject(setProject);
                                            //把准备好的项目集合加入管理系统
        //ProjectManagement.removeProjectBasedName("山峰隧道 A");
        //ProjectManagement.showSet();                      //显示 set 集合


        //根据姓名查找某人参与的项目
        System.out.println("----搜索'张晨曦'参与的项目-----");
        List<Project> tempList=new ArrayList<>();
        tempList=ProjectManagement.findProjectBasedPerson("张晨曦");
                                            //查找张晨曦参与的项目
        for(Project pro:tempList)
            System.out.println(pro);
        //根据项目名查找项目
        System.out.println("----搜索项目名中有'隧道'的项目-----");
        List<Project> tempList2=new ArrayList<>();
        tempList2=ProjectManagement.findProjectBasedProjectName("隧道");
                                            //查找隧道项目
        for(Project pro:tempList2)
            System.out.println(pro);
    }
}
```

4. 运行结果

（1）向 TreeSet 集合增加新项目。

为了有助于测试项目管理基本功能，向保存项目的 TreeSet 集合增加表 6-1 所示的项目。

表 6-1　国家主要工程信息

项目名	项目建设开始时间	项目建设结束时间	项目预算	项目状态	团队成员
中国空间站	2010 年 1 月 1 日	2022 年 12 月 31 日	600	完成	杨长风,王亚平,戚发轫
北斗三号卫星导航系统	2017 年 11 月 5 日	2020 年 6 月 23 日	**1200**	完成	林宝军,陆新颖
港珠澳大桥	2009 年 12 月 15 日	2018 年 10 月 24 日	**1269**	完成	**孟凡超,张劲文**
长江三峡水利枢纽工程	1994 年 12 月 14 日	2012 年 7 月 1 日	1352	完成	郑守仁,黄爱国,张晨曦
大山隧道 A	2013 年 3 月 1 日	2015 年 6 月 18 日	15	完成	张志远,张晨曦
大山隧道 B	2023 年 5 月 20 日	2025 年 8 月 12 日	18	在建	吴博文,张晨曦

① 定义方法 public static void addProject(Set<Project> set)，把项目集合 set 增加到 ProjectManagement 的保存所有项目的 set 集合（ static Set<Project> setProject = new TreeSet<>(new StartTimeComparator()))。

② 定义方法 public static void showSet()显示 set 集合的所有元素，运行结果如图 6-3 所示。

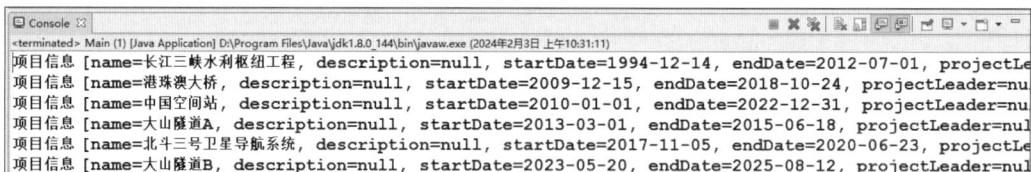

图 6-3　显示所有工程信息

（2）能够按工程开始时间、预算大小排序。

定义 StartTimeComparator 类实现比较接口 Comparator，根据项目开始日期从小到大排序。运行结果如图 6-4 所示，所有项目按时间先后顺序有序排列。

```
public class StartTimeComparator implements Comparator<Project> {
    @Override
    public int compare(Project o1, Project o2) {        //比较开始时间
        if(o1.getStartDate().isBefore(o2.getStartDate()))
            return -1;
        else
            return 1;
    }
}
```

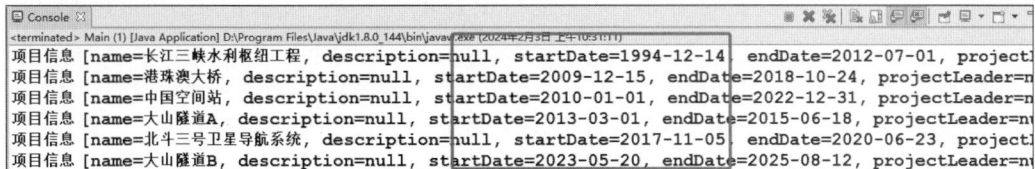

图 6-4 按工程开始日期排序

(3) 删除指定工程项目。

定义方法 public static void removeProjectBasedName(String name)，根据项目名删除项目。在测试类 Main 执行代码"ProjectManagement.removeProjectBasedName("大山隧道 A");"，删除项目"大山隧道 A"。

(4) 按照关键字搜索工程项目。

定义方法 public static List＜Project＞ findProjectBasedPerson(String name) 根据人名搜索该人参与的项目，方法 public static List＜Project＞ findProjectBasedProjectName (String name)根据项目名搜索项目信息。

执行如下代码，运行结果如图 6-5 所示。

```
//根据姓名查找某人参与的项目
System.out.println("----搜索'张晨曦'参与的项目-----");
List<Project> tempList=new ArrayList<>();
tempList=ProjectManagement.findProjectBasedPerson("张晨曦");
                                          //查找张晨曦参与的项目

for(Project pro:tempList)
System.out.println(pro);
//根据项目名查找项目
System.out.println("----搜索项目名中有'隧道'的项目-----");
List<Project> tempList2=new ArrayList<>();
tempList2=ProjectManagement.findProjectBasedProjectName("隧道");
                                          //查找隧道项目

for(Project pro:tempList2)
System.out.println(pro);
```

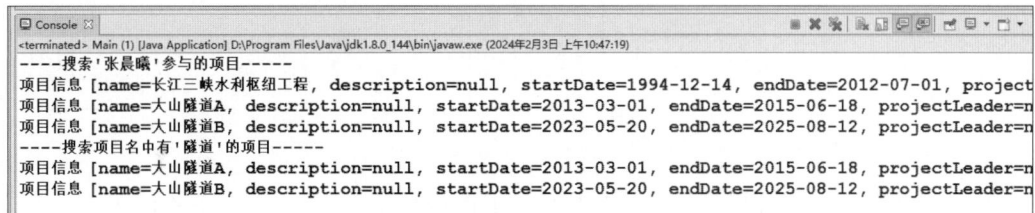

图 6-5 按关键字搜索工程信息

6.3.2 范例 2 软件基本信息管理

1. 范例描述

软件管家对软件进行管理，包括升级、卸载、安装、管理和修复漏洞等功能。该系统的一个基本功能是对软件信息进行管理，首先对软件进行分类，如分为办公软件、聊天工具、图形图像处理、视频软件和浏览器等，每类又包括很多不同软件，例如，办公软件包括 WPS Office、MS Office、苏打办公、腾讯会议等，聊天工具包括腾讯 QQ、腾讯微信、飞书等。

设计一个简单软件工具对软件基本信息进行管理，完成如下功能：①记录软件基本信息，把某个特定软件归属于某个软件类型；②查询某类软件的所有软件信息；③查询某个特定软件归属类型；④删除某类软件；⑤删除某个特定软件；⑥显示所有软件信息，包括软件类型以及所包含的软件。

软件基本信息如表 6-2 所示。

表 6-2　软件基本信息

软件分类		软 件 信 息							
类型名	描述	软件名	软件大小	开发者	版本号	评价	下载网址	主要功能
办公软件	用于办公场景	WPS Office	300	金山软件开发公司	V12.1	五星	https://www.wps.cn/	文字处理、表格处理、演示文稿
办公软件	用于办公场景	MS　Office	800	微软有限公司	2021 版	五星	https://www.microsoft.com/zh-cn	文字处理、表格处理、演示文稿、电子邮件
办公软件	用于办公场景	腾讯会议	250	深圳市腾讯计算机系统有限公司	V3.22	四星	https://meeting.tencent.com/	视频会议、网络研讨会
浏览器	用于网上冲浪	360 安全浏览器	114	北京奇虎科技有限公司	V14.1	五星	http://www.360.cn/	展示网页内容，提供用户与网页的交互体验
浏览器	用于网上冲浪	火狐浏览器	56	Mozilla 基金会	V115.0	四星	https://www.firefox.com.cn/	展示网页内容，提供用户与网页的交互体验
浏览器	用于网上冲浪	Microsoft Edge	247	微软有限公司	V119.0	五星	https://www.microsoft.com/zh-cn	展示网页内容，提供用户与网页的交互体验

2. 范例分析

软件基本信息管理包括软件分类和某种类型的软件信息，一个软件分类映射多个特定软件，例如，办公软件分类映射的特定软件有 WPS Offfice、MS Office、腾讯会议、苏打办公和飞书等。

使用 TreeMap 记录软件分类与特定软件的映射关系，Key 记录软件分类，根据软件名进行排序，Value 记录特定软件信息，因某类软件有若干特定软件，使用 ArrayList 保存某类软件包含的软件信息。Map 结构为 Map ＜ SoftwareCategory，ArrayList ＜ SoftwareInfo ＞＞，SoftwareCategory 记录软件分类信息，SoftwareInfo 记录某类软件的详细信息。定义类

SoftwareCategory 表示软件分类，SoftwareInfo 表示软件详细信息，SoftwareCategoryComparator
类实现比较接口 Comparator，实现对 TreeMap 的 Key 的定制排序，SoftwareManagement 类定
义对软件基本信息的管理的各种方法，Main 是测试类。

图 6-6 是软件基本信息管理系统的 UML 类结构图。

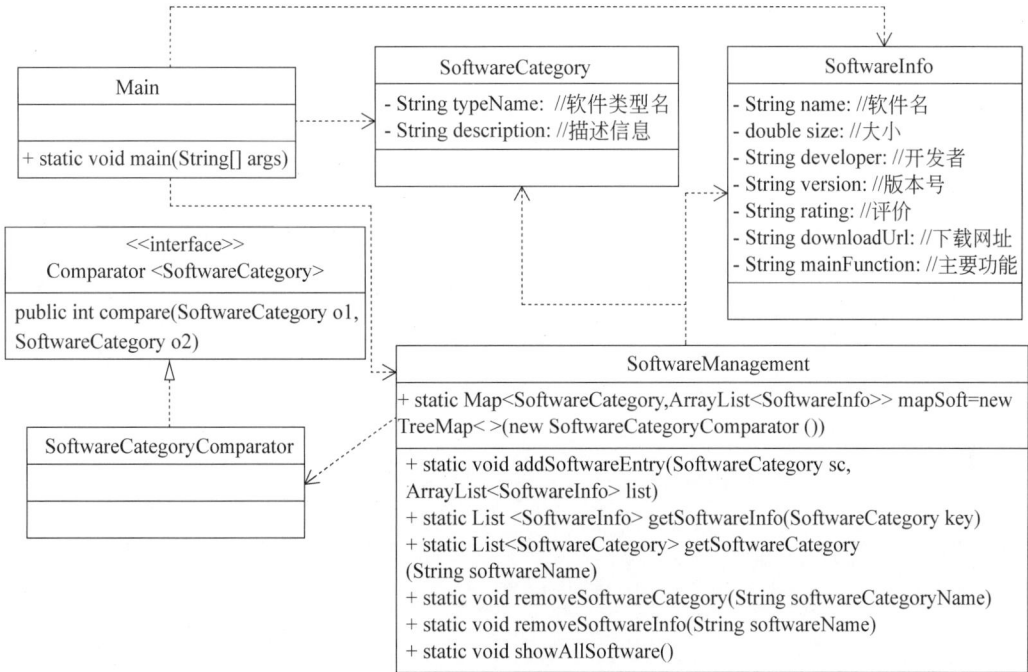

图 6-6　软件基本信息管理系统的 UML 类结构

3. 范例代码

```java
//软件基本信息
public class SoftwareInfo {
    private String name;                         //软件名
    private double size;                         //大小
    private String developer;                    //开发者
    private String version;                      //版本号
    private String rating;                       //评价
    private String downloadUrl;                  //下载网址
    private  String mainFunction;                //主要功能

    public SoftwareInfo() {
        super();
    }

    public SoftwareInfo(String name, double size, String developer,
            String version, String rating, String downloadUrl,
            String mainFunction) {
        super();
        this.name = name;
```

```
            this.size = size;
            this.developer = developer;
            this.version = version;
            this.rating = rating;
            this.downloadUrl = downloadUrl;
            this.mainFunction = mainFunction;
        }

//省略 Setter 和 Getter 方法
    @Override
    public String toString() {
        return "SoftwareInfo [name=" + name + ", size=" + size + ", developer="
                + developer + ", version=" + version + ", rating=" + rating
                + ", downloadUrl=" + downloadUrl + ", mainFunction="
                + mainFunction + "]";
    }


}

//软件分类
public class SoftwareCategory {
    private String typeName;                    //软件类型名
    private String description;                 //描述信息
    public SoftwareCategory() {
        super();
    }
    public SoftwareCategory(String typeName, String description) {
        super();
        this.typeName = typeName;
        this.description = description;
    }
    //省略 Getter 和 Setter 方法
     @Override
    public String toString() {
        return "软件分类[typeName=" + typeName + ", description="
                + description + "]";
    }
}

import java.util.Comparator;
//定制排序,按软件名排序
public class SoftwareCategoryComparator implements Comparator<SoftwareCategory>{
    @Override
    public int compare(SoftwareCategory o1, SoftwareCategory o2) {
        return o1.getTypeName().compareTo(o2.getTypeName());
    }
}

import java.util.*;
```

```
/**
 *  软件管理系统
 *  @author THINK
 *
 * /
/ *
 *
 *  (1)记录软件基本信息,把某个特定软件归属于某个软件类型;
 *  (2)查询某类软件的所有软件信息;
 *  (3)根据软件名查询某个特定软件归属类型;
 *  (4)删除某类软件;
 *  (5)删除某个特定软件;
 *  (6)显示所有软件信息,包括软件类型以及所包含的软件。
 * /
public class SoftwareManagement {
    public static Map< SoftwareCategory, ArrayList< SoftwareInfo> > mapSoft=new
TreeMap<> (new SoftwareCategoryComparator());
    //1. 记录软件基本信息,把某个特定软件归属于某个软件类型
    //1.1 向集合中增加一个条目
    public static void addSoftwareEntry(Map.Entry< SoftwareCategory, ArrayList
<SoftwareInfo>> entry){
        mapSoft.put(entry.getKey(), entry.getValue());
    }
    //1.2 向集合中增加具体的软件分类,以及详细软件信息
    public static void addSoftwareEntry(SoftwareCategory sc, ArrayList
<SoftwareInfo> list){
        if(mapSoft.keySet().contains(sc)){
                                  //如果集合中包含了已有分类,把具体信息加入分类中
            List<SoftwareInfo> mapSoftlist=mapSoft.get(sc);  //获得详细信息列表
            mapSoftlist.addAll(list);    //把新增的详细信息添加到软件详细信息列表中
            mapSoft.put(sc, (ArrayList<SoftwareInfo>) mapSoftlist);
        }else{//否则,原 mapSoft 中没有该分类信息,直接加入
            mapSoft.put(sc,list);
        }
    }
    //2. 查询某类软件的所有软件信息
    public static List<SoftwareInfo> getSoftwareInfo(SoftwareCategory key){
        return mapSoft.get(key);
    }
    //3. 根据软件名查询某个特定软件归属类型
    public static List<SoftwareCategory> getSoftwareCategory(String
softwareName){
        Set<SoftwareCategory> set=mapSoft.keySet();
        List<SoftwareCategory> listTemp=new ArrayList<>();
        for(SoftwareCategory sc:set){
            List<SoftwareInfo> list=mapSoft.get(sc);
                                  //获得某个分类的具体软件列表
            for(SoftwareInfo si:list){
                if(si.getName().contains(softwareName)){
                    if(!listTemp.contains(sc)) //如果软件分类表中还没有包含该类软件
```

```java
                                listTemp.add(sc);
                        }
                    }
                }
                return listTemp;
        }
        //4. 根据分类名删除某类软件
        public static void removeSoftwareCategory(String softwareCategoryName){
                Iterator<SoftwareCategory> it=mapSoft.keySet().iterator();
                while(it.hasNext()){
                    SoftwareCategory sc=it.next();
                    if(sc.getTypeName().contains(softwareCategoryName)){
                                                        //如果该分类有删除的分类名
                        mapSoft.remove(sc);
                    }
                }
        }
        //5. 根据软件名删除某个特定软件
        public static void removeSoftwareInfo(String softwareName){
                for(SoftwareCategory sc:mapSoft.keySet()){
                    Iterator<SoftwareInfo> it=mapSoft.get(sc).iterator();
                                                        //获得某个分类的具体软件列表
                    while(it.hasNext()){
                        if(it.next().getName().contains(softwareName)){
                                //如果当前软件列表包含删除的软件名,删除该软件
                            it.remove();
                        }
                    }
                }
        }
        //6.显示所有软件,包括软件分类,软件基本信息
        public static void showAllSoftware(){
                Set<SoftwareCategory> set=mapSoft.keySet();
                for(SoftwareCategory sc:set){
                    System.out.println("--------"+sc+"------");   //输出分类
                    List<SoftwareInfo> list=mapSoft.get(sc);  //获得某个分类的具体软件列表
                    for(SoftwareInfo si:list){
                        System.out.println(si);                 //输出分类的详细软件信息
                    }
                }
        }
}

import java.util.ArrayList;
import java.util.Arrays;
import java.util.List;
//测试类
public class Main {
    public static void main(String[] args) {
        //1. 准备数据
```

```java
//1.1 办公软件
SoftwareCategory scOffice=new SoftwareCategory("办公软件","用于办公场景");
                                        //软件分类
ArrayList<SoftwareInfo> listOffice=new ArrayList<>();  //办公软件名单
listOffice.add(new SoftwareInfo("WPS Office",300, "金山软件开发公司",
"V12.1", "五星", "www.wps.com","文字处理、表格处理、演示文稿"));
listOffice.add(new SoftwareInfo("MS  Office",800, "微软有限公司", "2021
版", "五星", "https://www.microsoft.com/zh-cn","文字处理、表格处理、演示文稿、电子邮
件"));
listOffice.add(new SoftwareInfo("腾讯会议",250, "深圳市腾讯计算机系统有限
公司", "V3.22", "四星", "https://meeting.tencent.com/","视频会议、网络研讨会"));
//1.2 浏览器
SoftwareCategory scBrowser=new SoftwareCategory("浏览器","用于网上冲浪");
ArrayList<SoftwareInfo> listBrowser=new ArrayList<>();
listBrowser.add(new SoftwareInfo("360 安全浏览器",114, "北京奇虎科技有限
公司", "V14.1", "四星", "http://www.360.cn/","展示网页内容,提供用户与网页的交互体
验"));
listBrowser.add(new SoftwareInfo("火狐浏览器",56, "Mozilla 基金会",
"V115.1", "四星", "https://www.firefox.com.cn","展示网页内容,提供用户与网页的交互
体验"));
listBrowser.add(new SoftwareInfo("Microsoft Edge",247, "微软有限公司",
"V119.0", "五星", "https://www.microsoft.com/zh-cn","展示网页内容,提供用户与网页
的交互体验"));
//把软件分类--软件列表映射关系加入集合
SoftwareManagement.mapSoft.put(scOffice,listOffice);
SoftwareManagement.mapSoft.put(scBrowser,listBrowser);
//SoftwareManagement.showAllSoftware(); //显示所有软件
/*
List<SoftwareInfo> list=SoftwareManagement.getSoftwareInfo(scBrowser);
System.out.println("查询:"+scBrowser+"的所有软件列表");
for(SoftwareInfo si:list)
    System.out.println(si);
*/

//ArrayList < SoftwareInfo > al = new ArrayList < > (Arrays. asList (new
SoftwareInfo("IE 浏览器 AAAA",600, "微软浏览器 AAA", "V12.5", "四星", "https://
www.microsoft.com/zh-cn"),new SoftwareInfo("IE 浏览器 BBBB",600, "微软浏览器
VBBB", "V12.5", "四星", "https://www.microsoft.com/zh-cn")));
//向集合中增加一个 Key-Value 关系
//    SoftwareCategory scChat=new SoftwareCategory("聊天工具","网络交流信息");
//    ArrayList<SoftwareInfo> alChat=new ArrayList<>(Arrays.asList(new
SoftwareInfo("腾讯 QQ",208,"深圳市腾讯计算机系统有限公司","V9.9","五星","https://
im.qq.com/","基于 Internet 的即时通信软件")));
//    SoftwareManagement.addSoftwareEntry(scChat, alChat);

//    SoftwareManagement.showAllSoftware(); //显示所有软件信息

//    String softwareName="浏览器";
//    System.out.println("软件名中有---"+softwareName+"---的软件分类有:");
```

```
//      System.out.println(SoftwareManagement.getSoftwareCategory(softwareName).
toString());
       //System.out.println(sc2);

//      SoftwareManagement.removeSoftwareCategory("浏览器");
                              //删除分类名中有浏览器的软件分类
//      SoftwareManagement.showAllSoftware(); //显示所有软件
       SoftwareManagement.removeSoftwareInfo("Office");
       SoftwareManagement.showAllSoftware();   //显示所有软件

//      SoftwareManagement.showAllSoftware();

       }
   }
```

4. 运行结果

（1）记录软件基本信息。根据要求，把软件分类以及每类的软件信息加入 Map 集合，在 SoftwareManagement 类中定义静态方法 public static void addSoftwareEntry（SoftwareCategory sc，ArrayList＜SoftwareInfo＞ list），向集合中增加具体的软件分类以及详细软件信息，运行结果如图 6-7 所示。

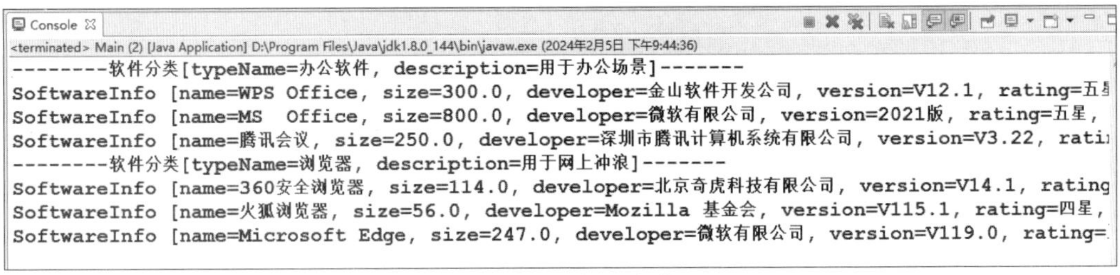

图 6-7　显示软件基本信息

（2）查询某类软件的所有软件信息。在 SoftwareManagement 类中定义静态方法 public static List＜SoftwareInfo＞ getSoftwareInfo（SoftwareCategory key），返回某类软件的所有软件信息，测试代码如下，查询软件分类对象 scBrowser 包含的软件列表，运行结果如图 6-8 所示。

```
SoftwareCategory scBrowser=new SoftwareCategory("浏览器","用于网上冲浪");
List<SoftwareInfo> list=SoftwareManagement.getSoftwareInfo(scBrowser);
System.out.println("查询:"+scBrowser+"的所有软件列表");
for(SoftwareInfo si:list)
    System.out.println(si);
```

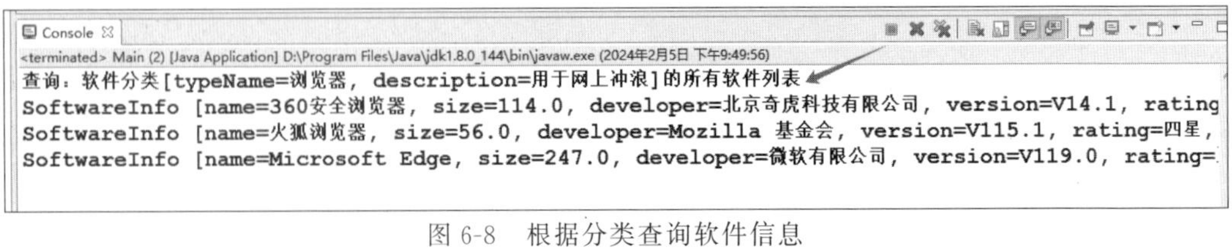

图 6-8　根据分类查询软件信息

（3）查询某个特定软件归属类型。根据软件名查询某个特定软件所属类型，在 SoftwareManagement 类中定义静态方法 public static List < SoftwareCategory > getSoftwareCategory(String softwareName)，测试代码如下，查询软件名中含有"浏览器"的软件类型，运行结果如图 6-9 所示。

```
String softwareName="浏览器";
System.out.println("软件名中有---"+softwareName+"---的软件分类有:");
System.out.println (SoftwareManagement.getSoftwareCategory (softwareName).
toString());
```

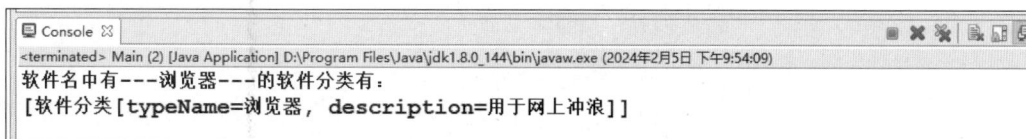

```
Console ⊠                                                                  ■ ✖ ✗ | ▤ ▣ | ⊞ ▤ ・ ▭ ・
<terminated> Main (2) [Java Application] D:\Program Files\Java\jdk1.8.0_144\bin\javaw.exe (2024年2月5日 下午9:54:09)
软件名中有---浏览器---的软件分类有:
[软件分类[typeName=浏览器，description=用于网上冲浪]]
```

图 6-9　查询特定软件信息

（4）删除某类软件。根据分类名删除某类软件，在 SoftwareManagement 类中定义静态方法 public static void removeSoftwareCategory(String softwareCategoryName)，根据分类名删除某类软件，测试代码如下，删除分类名中有"浏览器"的软件分类，运行的结果如图 6-10 所示，控制台已经没有分类名中包含"浏览器"的软件列表。

```
SoftwareManagement.removeSoftwareCategory("浏览器");
SoftwareManagement.showAllSoftware();            //显示所有软件
```

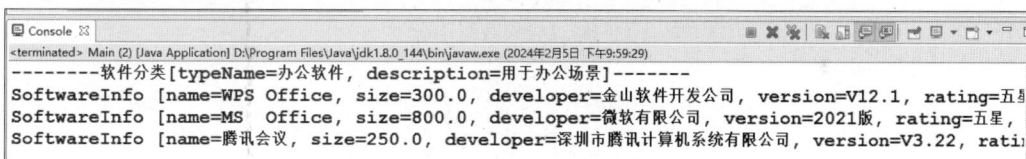

```
Console ⊠                                                          ■ ✖ ✗ | ▤ ▣ | ⊞ ▤ | ⊞ ▭ ・ ▭ ・
<terminated> Main (2) [Java Application] D:\Program Files\Java\jdk1.8.0_144\bin\javaw.exe (2024年2月5日 下午9:59:29)
--------软件分类[typeName=办公软件，description=用于办公场景]-------
SoftwareInfo [name=WPS Office, size=300.0, developer=金山软件开发公司, version=V12.1, rating=五星
SoftwareInfo [name=MS  Office, size=800.0, developer=微软有限公司, version=2021版, rating=五星
SoftwareInfo [name=腾讯会议, size=250.0, developer=深圳市腾讯计算机系统有限公司, version=V3.22, rati
```

图 6-10　删除某类软件

（5）删除某个特定软件。在 SoftwareManagement 类中定义静态方法 public static void removeSoftwareInfo(String softwareName)，根据软件名是否包含某个关键字删除特定软件，测试代码如下，运行结果如图 6-11 所示，已经没有软件名中有"Office"的软件。

```
SoftwareManagement.removeSoftwareInfo("Office");   //删除软件名中有"Office"的软件
SoftwareManagement.showAllSoftware();              //显示所有软件
```

```
Console ⊠                                                          ■ ✖ ✗ | ▤ ▣ | ⊞ ▤ | ⊞ ▭ ・ ▭ ・
<terminated> Main (2) [Java Application] D:\Program Files\Java\jdk1.8.0_144\bin\javaw.exe (2024年2月5日 下午10:02:40)
--------软件分类[typeName=办公软件，description=用于办公场景]-------
SoftwareInfo [name=腾讯会议, size=250.0, developer=深圳市腾讯计算机系统有限公司, version=V3.22, rating=四星, downloadUrl
--------软件分类[typeName=浏览器，description=用于网上冲浪]-------
SoftwareInfo [name=360安全浏览器, size=114.0, developer=北京奇虎科技有限公司, version=V14.1, rating=四星, downloadUrl=https
SoftwareInfo [name=火狐浏览器, size=56.0, developer=Mozilla 基金会, version=V115.1, rating=四星, downloadUrl=https
SoftwareInfo [name=Microsoft Edge, size=247.0, developer=微软有限公司, version=V119.0, rating=五星, downloadUrl=h
```

图 6-11　删除特定软件

（6）显示所有软件信息。为了演示软件效果，在 SoftwareManagement 类中定义静态

方法 public static void showAllSoftware() 显示软件类型以及所包含的软件列表。

6.4　注 意 事 项

（1）关于集合排序问题。Java 集合框架中的某些集合类(如 TreeSet、TreeMap)支持自动排序,自动排序分为自然排序和定制排序,自然排序的类需要实现 Comparable 接口来指定排序规则,如果在定义集合保存的对象时,对应的类没有实现 Comparable 接口,则需要采用定制排序(自定义比较器)。

（2）关于遍历集合问题。遍历集合可以使用 foreach 语句和迭代器(Iterator)。使用 foreach 语句遍历集合时,不能修改集合,即不能增加、删除集合元素。使用迭代器遍历集合时可以修改集合元素,即可以增加、删除集合元素。

（3）关于选择集合问题。Java 提供了 List、Set 和 Map 三种接口,List 存储的元素不能重复,Set 存储的元素可以重复,Map 存储键值对,根据现实问题合理选择集合接口能提高软件开发效率。

6.5　实 践 任 务

任务 1　科技成果评估系统

在科技发展日新月异的今天,人工智能、区块链、生物科技等领域的科技成果不断涌现,它们各具特色并有伦理社会影响。现需要开发一个科技成果评估系统帮助人们快速了解这些技术。该系统利用 Java 集合框架对成果对象进行 CRUD 操作(增加(Create)、读取查询(Retrieve)、更新(Update)和删除(Delete)),具体要求如下。

（1）定义如下相关类。

① 定义成果类,属性包括唯一标识 ID、成果名称、成果完成人(公司)、成果发布日期、所属领域、成果描述、伦理考量、社会影响以及风险评估等关键属性。该类实现 Comparable 接口,使用 Collections 工具的 sort() 方法对 List 集合进行自然排序。

② 定义枚举类型的风险评估,包括高、中和低三个常量。

③ 定义伦理考量类,主要属性包括创新性(创新性的高低直接影响科技成果的实用价值和市场潜力)、实用性(实用性是评估科技成果是否具有实际应用价值的关键指标)、安全性(在使用或推广过程中是否会对人类、环境或社会造成危害)、公正性(涉及科技成果能否平等地服务于所有人群,以及是否会造成社会的不平等和歧视)、可持续性(科技成果对环境、资源、生态等方面的影响,是否符合可持续发展的原则)、责任性(科技成果的研发、推广和应用过程中,相关方是否承担起应有的责任)。

（2）使用 List 接口保存成果对象。

（3）定义管理工具类实现如下操作：向 List 集合增加一个成果对象、增加成果集合;根据成果名查询(返回成果集合)、根据任意关键字查询成果(返回成果集合);修改某个成果内容;根据成果名删除某个成果、删除成果集合中的成果;显示所有成果;统计涉及隐私保护的所有成果;统计高风险的所有成果。

任务 2 网站用户会话管理

通过网站用户会话管理,网站管理员和开发者能够更好地理解和管理用户行为,提供个性化的服务和体验,保护用户数据和网站安全。

网站用户会话包括用户信息和会话信息,用户信息的属性包括:①用户标识,每个用户都有唯一的标识,如用户名、邮箱地址、手机号等,用于识别和区分不同的用户;②用户行为信息,记录用户的浏览行为,如访问的页面、停留时间、点击的链接等,有助于了解用户的兴趣和需求;③用户位置信息,记录用户的地理位置,如 IP 地址、经纬度等,有助于为用户提供基于位置的服务或广告;④用户设备信息,记录用户使用的设备信息,如操作系统、浏览器类型、设备型号等,有助于优化网站在不同设备上的兼容性和用户体验;⑤用户反馈信息,用户在使用过程中可能会提供反馈意见或建议,这些信息对于改进网站服务和提升用户体验非常有价值。

网站用户会话管理的会话信息包括以下内容:①会话标识,每个会话都有一个唯一的标识,用于跟踪和管理用户的会话活动;②关联的用户信息,用于识别正在进行会话的用户;③会话时间,记录会话的开始和结束时间,以及会话的持续时间,有助于了解用户在网站上的活跃度和停留时间;④会话活动,记录用户在会话期间进行的操作和行为,如浏览页面、点击链接、提交表单等;⑤会话状态,记录会话的状态信息,如用户是否在线、是否活跃、是否离线等,有助于及时处理用户的请求和提供相应的服务;⑥会话中的数据,用户在会话中输入或提交的数据,如搜索关键词、表单数据、聊天内容等,有助于分析和理解用户的意图和需求。

设计简单的网站用户会话管理系统,完成如下功能。

(1) 定义如下相关类:

定义用户类 User、会话类 Session 及其他相关类,如用户位置信息类、用户设计信息类等。

(2) 使用 Map 接口保存用户信息与会话的映射关系。

(3) 定义网站用户会话管理工具类,完成如下功能:①记录用户访问网站的会话信息,例如,一个用户访问网站,记录用户以及对应的会话信息;②查询某个用户所有会话信息,例如,用户 A 有 20 个会话信息,需要输出用户 A 的 20 个会话的详细信息;③删除某个用户的所有会话信息,例如,删除用户 A 的所有会话信息;④删除某个用户的某个会话信息,例如,删除用户 A 最近一天的会话信息;⑤显示目前网站所有在线的用户信息。

第7章 图形用户界面

7.1 知识简介

信息时代,人们通过多种方式与智能设备进行交互,有效的交互方式不仅提高了用户体验和工作效率,也推动科技的不断进步和创新。

人机交互存在多种方式,不同交互方式具有各自的优缺点,适用于不同的场景和应用领域,实际应用中,用户可以根据具体需求和场景选择合适的交互方式来提高用户体验和工作效率。人机交互存方式包括命令行界面(CLI)、图形用户界面(GUI)、语音交互、触摸屏、虚拟现实(VR)和增强现实(AR)等。

目前,人机交互主要采用 GUI 方式,该交互方式具有易用性、易交互、可定制性和多任务处理等优势。

Java 的 GUI 编程工具包主要包括 Swing 和 AWT。AWT 提供的主要组件类型包括:①容器(Containers);②基本组件(Component);③布局管理器(Layout Managers);④图形和图像处理。此外,AWT 还提供 GUI 的事件处理(单击鼠标、单击按钮、单击菜单、键盘按键)机制,使 GUI 完成用户交互功能。AWT 框架如图 7-1 所示。

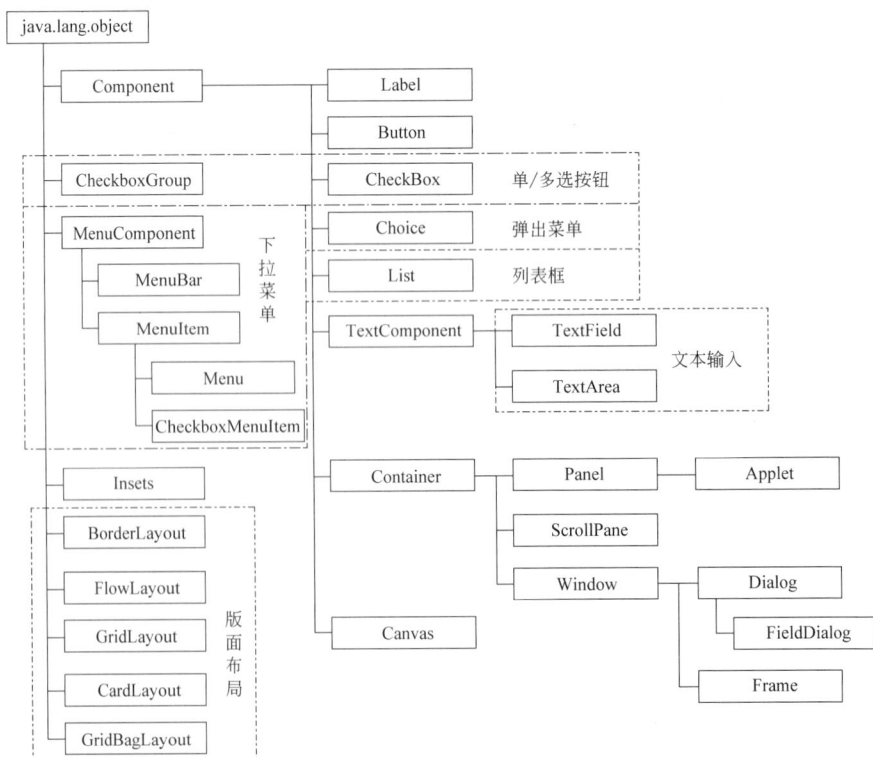

图 7-1 AWT 框架

Java 的 GUI 用户交互采用事件委托模型，这种模型中，事件的产生者（事件源）并不直接处理事件，而是将事件发送给事件处理器（也称事件监听器，一个接口），由事件处理器来处理这些事件。处理模型如图 7-2 所示。

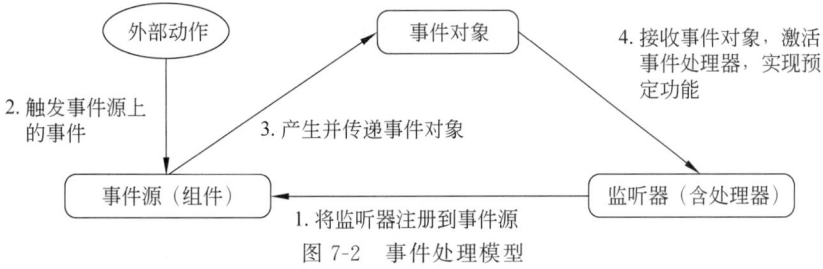

图 7-2　事件处理模型

AWT 事件模型中的事件类型多种多样，包括鼠标事件、键盘事件、窗口事件等。每种事件类型都对应一个特定接口，事件监听器需要实现这些接口以处理相应事件。AWT 的事件处理框架如图 7-3 所示。

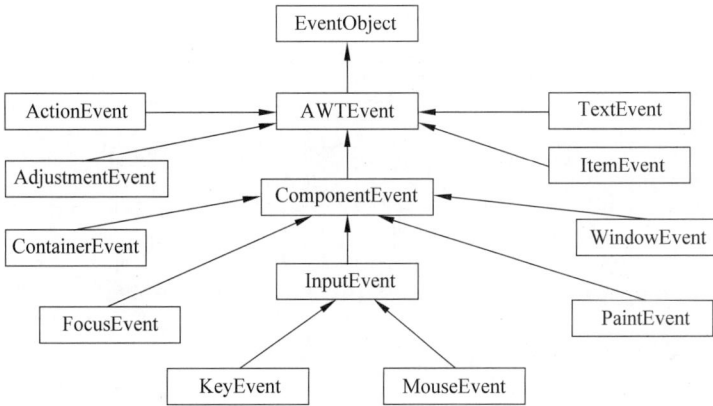

图 7-3　AWT 的事件处理框架

Swing 是 Java 的另一个用于开发图形用户界面（GUI）的工具包，它提供丰富的图形界面组件和强大功能，开发人员使用 Swing 能够轻松地创建优雅、用户友好的界面。Swing 的主要特点是：①跨平台性；②丰富的组件库；③强大的布局管理器；④丰富的对话框和消息框；⑤可插拔的外观风格。

Swing 的事件处理采用 AWT 的事件委托模型。

Swing 提供的组件框架与 AWT 框架类似，包括容器、基本组件、列表和表格组件、菜单和工具栏组件、对话框和消息框。类结构如图 7-4 所示。

开发 Java 的 GUI 应用程序时，如果组件名前有"J"则表示 Swing 组件，没有"J"就是 AWT 组件，例如，Button 就是 AWT 组件，JButton 就是 Swing 组件。

开发 Java 的 GUI 有两种方式：一种使用代码实现；另一种使用可视化开发工具实现。

有如图 7-5 所示的 GUI，该 GUI 的底层容器是 JFrame，采用流式布局（FlowLayout），它有 3 个按钮（JButton）和 1 个多行文本框（JTextArea）等控制组件，单击"红色"按钮文本框字体颜色改变为红色，单击"蓝色"按钮文本框字体颜色改变为蓝色，单击"清空"按钮清空文本框所有内容。

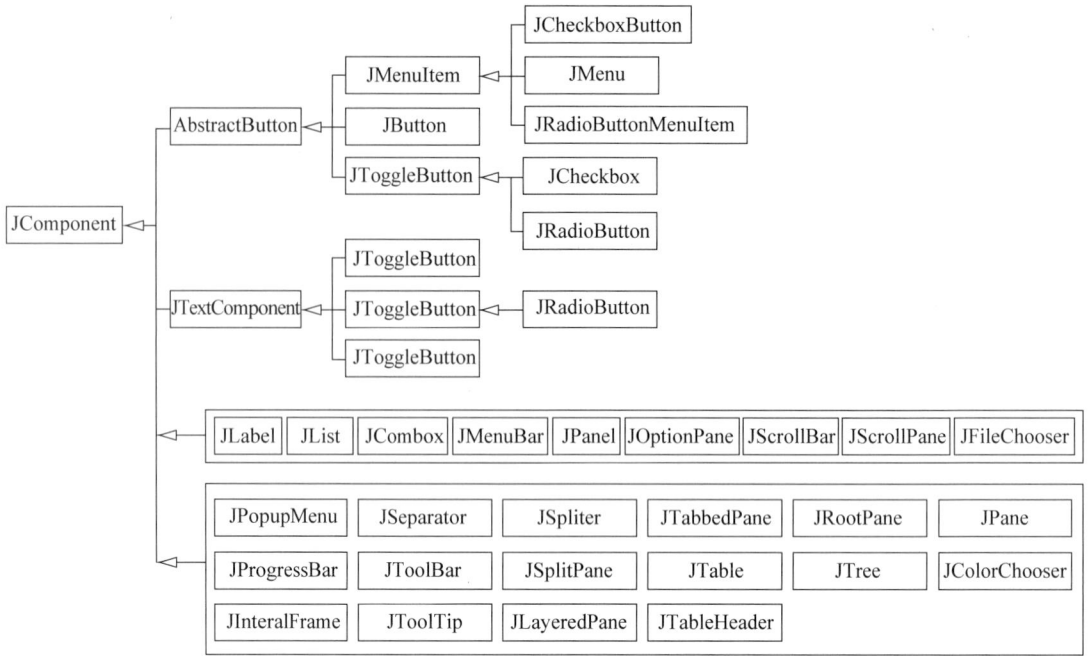

图 7-4 Swing 类结构

图 7-5 一个简单的 GUI

编写图 7-5 所示的 GUI 应用程序如下代码,首先准备 GUI 的组件,包括 1 个底层容器 JFrame、3 个按钮、1 个文本框,然后分 4 步完成 GUI：①设置底层容器 frame 的属性,包括大小、位置；②设置容器布局；③把控制组件(3 个按钮、1 个文本框)加入容器 frame；④向事件源增加事件监听器,单击颜色按钮(btnRed、btnBlue)和清空按钮(btnClear),它们是事件源,单击按钮触发 ActionEvent 事件,该事件监听器是 ActionListener,"btnRed.addActionListener(new ActionListener()…"使用匿名内部类完成任务,"btnClear.addActionListener((e)->{txtArea.setText("");});"使用 Lambda 表达式完成监听器任务。

```
//单击按钮改变字体颜色
public class FontGUI {
    //准备 GUI 组件
    private JFrame frame=new JFrame("设置字体颜色");
    private JButton btnRed=new JButton("红色");
    private JButton btnBlue=new JButton("蓝色");
```

```java
private JButton btnClear=new JButton("清空");
private JTextArea txtArea=new JTextArea(10,40);
public FontGUI(){
    //1.设置底层容器
    frame.setSize(400,300);
    frame.setLocation(200,200);
    frame.setLayout(new FlowLayout());             //2.设置容器布局
    frame.add(btnRed);                             //3.把控制组件加入容器
    frame.add(btnBlue);
    frame.add(btnClear);
    txtArea.setFont(new Font("宋体",Font.BOLD,20));//设置文本框字体
    frame.add(txtArea);
    //4.向事件源增加事件监听器
    btnRed.addActionListener(new ActionListener(){
                                         //单击红色按钮,调用该事件处理器
        @Override
        public void actionPerformed(ActionEvent e) {
            txtArea.setForeground(Color.RED);      //把文本框的字体改为红色
        }}
    );
    //4.向事件源增加事件监听器
    btnBlue.addActionListener(new ActionListener(){
                                         //单击蓝色按钮,调用该事件处理器
        @Override
        public void actionPerformed(ActionEvent e) {
            txtArea.setForeground(Color.BLUE);     //把文本框的字体改为蓝色   }}
    );
    //4.向事件源增加事件监听器
    btnClear.addActionListener((e)->{txtArea.setText("");});
                                         //使用 Lambda 表达式
    frame.setVisible(true);
    frame.setDefaultCloseOperation(JFrame.EXIT_ON_CLOSE);
}
public static void main(String[] args) {           //主方法
    new FontGUI();
}
}
```

    WindowBuilder 是基于 Eclipse 开发 GUI 的可视化开发工具,它提供了一个可视化的布局编辑器,简化了 Java GUI 应用程序的开发过程,帮助开发人员快速创建 Java 的 GUI 应用程序,使开发人员能够更加专注于应用程序的功能和逻辑,而不用花费太多时间在界面布局和事件处理。

    使用 WindowBuilder 开发 Java 的 GUI 应用程序,通过 Eclipse 的"帮助"菜单下的"Eclipse Marketplace"选项安装该插件,然后重启 Eclipse 使插件生效。

7.2 实践目的

    通过项目实践,加深读者对容器、基本组件、布局管理器、菜单(Menu)等 GUI 元素以及图形用户界面的事件处理机制等知识的理解,使读者掌握创建图形用户界面程序的方法和

流程,培养读者对 GUI 应用需求进行分析,选择合适的 GUI 组件、布局管理器和事件监听器,设计具有良好用户交互性界面的 GUI 应用程序的能力。

7.3 实 践 范 例

7.3.1 范例1 图片浏览器

1. 范例描述

图 7-6 是一个简单图片浏览器窗口。"文件"菜单包括"打开""退出"2 个子菜单,"工具"菜单包括"放大""缩小""下一张"和"上一张"4 个子菜单,"帮助"菜单包括"帮助主题"和"关于"2 个子菜单。菜单条下有工具栏,包括"打开""上一张图片""下一张图片""放大"和"缩小"5 个按钮。通过"打开"子菜单弹出"打开文件"对话框,选中图片文件之后在显示区域显示图片,通过"退出"子菜单退出程序,通过"放大"子菜单放大图片,通过"缩小"子菜单缩小图片,通过"上一张"子菜单显示图片文件夹中当前图片的前面一张图片,通过"下一张"子菜单显示图片文件夹中当前图片的后一张图片,通过"帮助主题"子菜单显示本程序的简单操作信息,通过"关于"子菜单显示本程序的开发者、开发日期和版本号等信息。

图 7-6 图片浏览器

2. 范例分析

(1) 界面分析。图片浏览器的界面包含菜单(JMenu)、工具条(JToolBar),使用标签(JLabel)放置图片。

(2) 算法分析。为了实现图片浏览任务,使用 MVC 模型,具体结构如图 7-7 所示。接口 Action 实现 Controller,完成 View 与 Model 的协调任务;ViewFrame 实现 View,完成界面展示任务;ViewService 实现 Model,完成打开图片、放大图片、缩小图片、显示上一张图片、显示下一张图片等图片浏览任务。

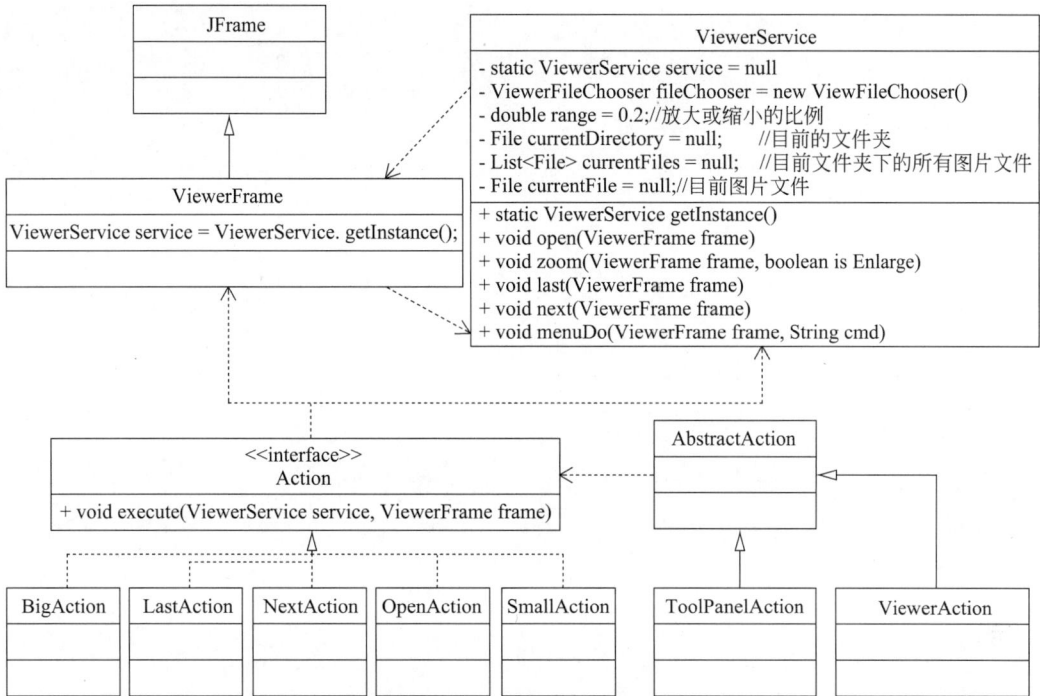

图 7-7　图片浏览器的 UML 类结构

3. 范例代码

根据案例分析设计的图片浏览器项目的结构如图 7-8 所示。

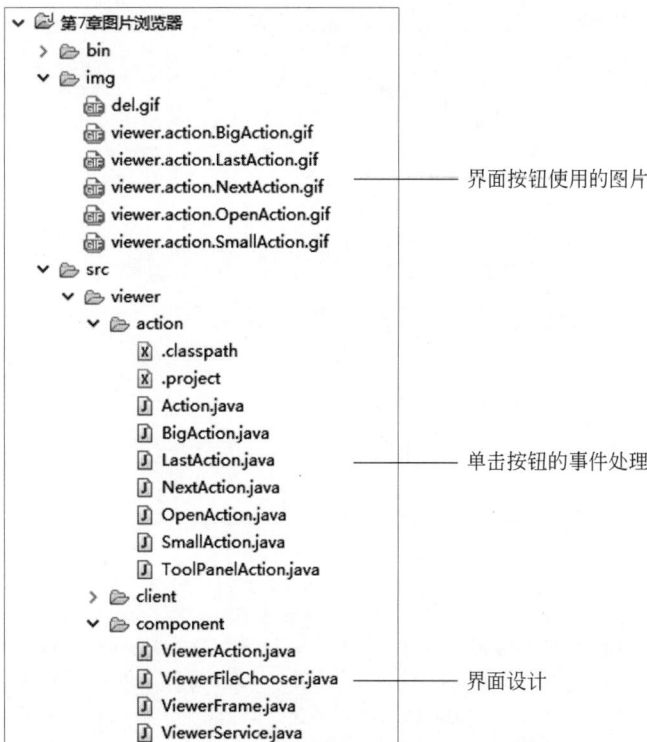

图 7-8　图片浏览器类结构

```java
import java.awt.event.ActionEvent;
import java.util.HashMap;
import java.util.Map;
import javax.swing.AbstractAction;
import javax.swing.ImageIcon;
import viewer.action.Action;

/**
 * 工具栏的 Action 类
 */
public class ViewerAction extends AbstractAction {
    private String actionName = "";
    private ViewerFrame frame = null;

    //这个工具栏的 AbstractAction 所对应的 viewer.action 包的某个 Action 实例
    private Action action = null;

    /**
     * 构造方法
     *
     */
    public ViewerAction() {
        //调用父构造方法
        super();
    }
    /**
     * 构造方法
     *
     * @param icon
     *              ImageIcon 图标
     * @param name
     *              String
     */
    public ViewerAction(ImageIcon icon, String actionName, ViewerFrame frame) {
        //调用父构造方法
        super("", icon);
        this.actionName = actionName;
        this.frame = frame;
    }
    /**
     * 重写 void actionPerformed( ActionEvent e )方法
     *
     * @param e
     *              ActionEvent
     */
    public void actionPerformed(ActionEvent e) {
        ViewerService service = ViewerService.getInstance();
        Action action = getAction(this.actionName);
        //调用 Action 的 execute()方法
        action.execute(service, frame);
```

```
    }

    /**
     * 通过 actionName 得到该类的实例
     * @param actionName
     * @return
     */
    private Action getAction(String actionName) {
        try {
            if (this.action == null) {
                //创建 Action 实例
                Action action = (Action)Class.forName(actionName).newInstance();
                this.action = action;
            }
            return this.action;
        } catch (Exception e) {
            return null;
        }
    }
}

import javax.swing.JFileChooser;
import javax.swing.filechooser.FileFilter;
import java.io.File;

/**
 * 文件选择器
 */
public class ViewerFileChooser extends JFileChooser {
    private static final long serialVersionUID = 1L;

    /**
     * 使用用户默认路径创建一个 ImageFileChooser
     *
     * @return void
     */
    public ViewerFileChooser() {
        super();
        //去掉所有文件过滤器
        setAcceptAllFileFilterUsed(false);

        //add AcceptAll FileFilter.test by zhongjian 2012.11.21
        //setAcceptAllFileFilterUsed(true);
        //end test

        addFilter();
    }

    /**
     * 使用自定义的路径创建一个 ViewerFileChooser
```

```java
         *
         * @param currentDirectoryPath
         *              String 自定义路径
         * @return void
         */
        public ViewerFileChooser(String currentDirectoryPath) {
            super(currentDirectoryPath);
            setAcceptAllFileFilterUsed(false);
            addFilter();
        }

        /**
         * 增加文件过滤器
         *
         * @return void
         */
        private void addFilter() {
            this.addChoosableFileFilter(new MyFileFilter(new String[] { ".BMP" },
                    "BMP (*.BMP)"));
            this.addChoosableFileFilter(new MyFileFilter(new String[] { ".JPG",
                        ".JPEG", ".JPE", ".JFIF" },
                        "JPEG (*.JPG; *.JPEG; *.JPE; *.JFIF)"));
            this.addChoosableFileFilter(new MyFileFilter(new String[] { ".GIF" },
                    "GIF (*.GIF)"));
            this.addChoosableFileFilter(new MyFileFilter(new String[] { ".TIF",
                    ".TIFF" }, "TIFF (*.TIF; *.TIFF)"));
            this.addChoosableFileFilter(new MyFileFilter(new String[] { ".PNG" },
                    "PNG (*.PNG)"));
            this.addChoosableFileFilter(new MyFileFilter(new String[] { ".ICO" },
                    "ICO (*.ICO)"));
            this.addChoosableFileFilter(new MyFileFilter(new String[] { ".BMP",
                    ".JPG", ".JPEG", ".JPE", ".JFIF", ".GIF", ".TIF", ".TIFF",
                    ".PNG", ".ICO" }, "所有图形文件"));
        }

        class MyFileFilter extends FileFilter {
            //后缀名数组
            String[] suffarr;
            //描述
            String decription;

            public MyFileFilter() {
                super();
            }

            /**
             * 用包含后缀名的数组与描述创建一个 MyFileFilter
             *
             * @param suffarr
             *              String[]
```

```java
         *  @param decription
         *                  String
         *  @return void
         */
        public MyFileFilter(String[] suffarr, String decription) {
            super();
            this.suffarr = suffarr;
            this.decription = decription;
        }


        /**
         * 重写 boolean accept( File f )方法
         *
         * @param f File
         * @return boolean
         */
        @Override
        public boolean accept(File f) {
            //如果文件的后缀名合法,返回 true
            for (String s : suffarr) {
                if (f.getName().toUpperCase().endsWith(s)) {
                    return true;
                }
            }
            //如果是目录,返回 true,或返回 false
            return f.isDirectory();
        }


        /**
         * 获取描述信息
         *
         * @return String
         */
        public String getDescription() {
            return this.decription;
        }
    }
}

import javax.swing.JFrame;
import javax.swing.JPanel;
import javax.swing.JMenuBar;
import javax.swing.JMenu;
import javax.swing.JMenuItem;
import javax.swing.JScrollPane;
import javax.swing.JToolBar;
import javax.swing.JButton;
//import javax.swing.AbstractAction;
//import javax.swing.Action;
import javax.swing.ImageIcon;
```

```java
import javax.swing.JLabel;

import viewer.action.ToolPanelAction;
//import java.awt.GridLayout;
//import java.awt.Insets;
//import java.awt.BorderLayout;
import java.awt.FlowLayout;
//import java.awt.Graphics;
import java.awt.Dimension;
import java.awt.BorderLayout;
import java.awt.event.ActionListener;
import java.awt.event.ActionEvent;

/**
 * 主界面对象
 */
public class ViewerFrame extends JFrame {
    private static final long serialVersionUID = 1L;

    //设置读图区的宽和高
    private int width = 800;
    private int height = 600;
    //用一个 JLabel 放置图片
    private JLabel label = new JLabel();

    ViewerService service = ViewerService.getInstance();

    //加给菜单的事件监听器
    ActionListener menuListener = new ActionListener() {
        public void actionPerformed(ActionEvent e) {
            //e.getActionCommand:返回 String
            service.menuDo(ViewerFrame.this, e.getActionCommand());
        }
    };

    /**
     * 构造方法
     */
    public ViewerFrame() {
        super();
        //初始化这个 JFrame
        init();
    }

    /**
     * 初始化
     *
     * @return void
     */
    public void init() {
```

```java
        //设置标题
        this.setTitle("看图程序");
        //设置大小
        //setPreferredSize:将组件的首选大小设置为常量,父类方法
        //Dimension 类封装单个对象中组件的宽度和高度(精确到整数)
        this.setPreferredSize(new Dimension(width, height));
        //创建菜单
        createMenuBar();

        //JPanel:轻量级容器
        //创建工具栏
        JPanel toolBar = createToolPanel();
        //把工具栏和读图区加到 JFrame 里面
        this.add(toolBar, BorderLayout.NORTH);

        this.add(new JScrollPane(label), BorderLayout.CENTER);
        //设置为可见
        this.setVisible(true);
        //调整此窗口的大小,以适合其子组件的首选大小和布局
        this.pack();
    }

    /**
     * 获取 JLabel
     *
     * @return JLabel
     */
    public JLabel getLabel() {
        return this.label;
    }

    /**
     * 创建工具栏
     *
     * @return JPanel
     */
    public JPanel createToolPanel() {
        //创建一个 JPanel
        JPanel panel = new JPanel();
        //创建一个标题为"工具"的工具栏
        JToolBar toolBar = new JToolBar("工具");
        //设置为不可拖动
        toolBar.setFloatable(false);
        //设置布局方式
        panel.setLayout(new FlowLayout(FlowLayout.LEFT));
        //工具数组
        String[] toolarr = { "viewer.action.OpenAction",
                "viewer.action.LastAction",
                "viewer.action.NextAction",
                "viewer.action.BigAction",
```

```
                            "viewer.action.SmallAction" };

        for (int i = 0; i < toolarr.length; i++) {
            ToolPanelAction action = new ToolPanelAction(new ImageIcon("img/"
                    + toolarr[i] + ".gif"), toolarr[i], this);
            //以图标创建一个新的 button
            JButton button = new JButton(action);
            //把 button 加到工具栏中
            toolBar.add(button);
        }
        panel.add(toolBar);

        //返回
        return panel;
    }

/**
 * 创建菜单栏
 *
 * @return void
 */
public void createMenuBar() {
    //创建一个 JMenuBar 放置菜单
    JMenuBar menuBar = new JMenuBar();
    //菜单文字数组,与下面的 menuItemArr 一一对应
    String[] menuArr = { "文件(F)", "工具(T)", "帮助(H)" };
    //菜单项文字数组
    String[][] menuItemArr = { { "打开(O)", "-", "退出(X)" },
            { "放大(M)", "缩小(O)", "-", "上一个(X)", "下一个(P)" }, { "帮助主
题", "关于" } };

    //遍历 menuArr 与 menuItemArr 去创建菜单
    for (int i = 0; i < menuArr.length; i++) {
        //新建一个 JMenu 菜单
        JMenu menu = new JMenu(menuArr[i]);
        for (int j = 0; j < menuItemArr[i].length; j++) {
            //如果 menuItemArr[i][j]等于"-"
            if (menuItemArr[i][j].equals("-")) {
                //设置菜单分隔
                menu.addSeparator();
            } else {
                //新建一个 JMenuItem 菜单项
                JMenuItem menuItem = new JMenuItem(menuItemArr[i][j]);
                menuItem.addActionListener(menuListener);
                //把菜单项加到 JMenu 菜单里面
                menu.add(menuItem);
            }
        }
        //把菜单加到 JMenuBar 上
        menuBar.add(menu);
```

```
        }

        //设置 JMenubar
        this.setJMenuBar(menuBar);
    }
}


import javax.swing.ImageIcon;
import javax.swing.JOptionPane;
import java.awt.Image;
import java.io.File;
import javax.swing.filechooser.FileFilter;
import java.util.List;
import java.util.ArrayList;
/**
 * 图片浏览器业务类
 */
public class ViewerService {
    private static ViewerService service = null;
    private ViewerFileChooser fileChooser = new ViewerFileChooser();
                                            //新建一个 ViewerFileChooser
    private double range = 0.2;             //放大或缩小的比例
    private File currentDirectory = null;   //目前的文件夹
    private List<File> currentFiles = null; //目前文件夹下的所有图片文件
    private File currentFile = null;        //目前图片文件

    /**
     * 私有构造方法
     */
    private ViewerService() {
    }

    /**
     * 获取单态实例
     *
     * @return ViewerService
     */
    public static ViewerService getInstance() {
        if (null == service) {
            service = new ViewerService();
        }

        return service;
    }

    /**
     * 打开图片
     *
     * @param frame
     *            ViewerFrame
```

```java
     * @return void
     */
    public void open(ViewerFrame frame) {
        //fileChooser.showOpenDialog()弹出打开文件对话框,返回 int
        //如果选择打开
        if (ViewerFileChooser.APPROVE_OPTION == fileChooser.showOpenDialog
(frame)) {
            //给目前打开的文件赋值
            this.currentFile = fileChooser.getSelectedFile();
            //获取文件路径
            String name = this.currentFile.getPath();
            //获取目前文件夹
            File cd = fileChooser.getCurrentDirectory();

            //如果文件夹有改变
            if (cd != this.currentDirectory || null == this.currentDirectory) {
                //或者 fileChooser 的所有 FileFilter
                FileFilter[] fileFilters = fileChooser.getChoosableFileFilters();
                File files[] = cd.listFiles();
                this.currentFiles = new ArrayList<File>();
                for (File file : files) {
                    for (FileFilter filter : fileFilters) {
                        //如果是图片文件
                        if (filter.accept(file)) {
                            //把文件加到 currentFiles 中
                            this.currentFiles.add(file);
                        }
                    }
                }
            }

            ImageIcon icon = new ImageIcon(name);
            frame.getLabel().setIcon(icon);
        }
    }

    /**
     * 放大缩小
     *
     * @param frame
     *            ViewerFrame
     * @return void
     */
    public void zoom(ViewerFrame frame, boolean isEnlarge) {
        //获取放大或缩小的比例
        double enLargeRange = isEnlarge ? 1 + range : 1 - range;
        //获取目前的图片
        ImageIcon icon = (ImageIcon) frame.getLabel().getIcon();

        if (icon != null) {
```

```java
                int width = (int) (icon.getIconWidth() * enLargeRange);
                //获取改变大小后的图片,高宽其中之一为负,维持初始图像尺寸的高宽比
                ImageIcon newIcon = new ImageIcon(icon.getImage()
                        .getScaledInstance(width, -1,/* Image.SCALE_DEFAULT */
Image.SCALE_SMOOTH));
                //改变显示的图片
                frame.getLabel().setIcon(newIcon);
        }
    }

    /**
     * 上一个
     *
     * @param frame
     *            ViewerFrame
     * @return void
     */
    public void last(ViewerFrame frame) {
        //如果有打开包含图片的文件夹
        if (this.currentFiles != null && !this.currentFiles.isEmpty()) {
            int index = this.currentFiles.indexOf(this.currentFile);
            //打开上一个
            if (index > 0) {
                File file = (File) this.currentFiles.get(index - 1);
                ImageIcon icon = new ImageIcon(file.getPath());
                frame.getLabel().setIcon(icon);
                this.currentFile = file;
            }
        }
    }

    /**
     * 下一个
     *
     * @param frame
     *            ViewerFrame
     * @return void
     */
    public void next(ViewerFrame frame) {
        //如果有打开包含图片的文件夹
        if (this.currentFiles != null && !this.currentFiles.isEmpty()) {
            int index = this.currentFiles.indexOf(this.currentFile) + 1;
            //打开下一个
            if (index + 1 < this.currentFiles.size()) {
                File file = (File) this.currentFiles.get(index + 1);
                ImageIcon icon = new ImageIcon(file.getPath());
                frame.getLabel().setIcon(icon);
                this.currentFile = file;
            }
        }
```

```
        }

        /**
         * 响应菜单的动作
         *
         * @param frame
         *            ViewerFrame
         * @param cmd
         *            String
         * @return void
         */
        public void menuDo(ViewerFrame frame, String cmd) {
            //打开
            if (cmd.equals("打开(O)")) {
                open(frame);
            }
            //放大
            else if (cmd.equals("放大(M)")) {
                zoom(frame, true);
            }
            //缩小
            else if (cmd.equals("缩小(O)")) {
                zoom(frame, false);
            }
            //上一个
            else if (cmd.equals("上一个(X)")) {
                last(frame);
            }
            //下一个
            else if (cmd.equals("下一个(P)")) {
                next(frame);
            }
            else if(cmd.equals("帮助主题")){
                JOptionPane.showMessageDialog(frame, "温馨提示:暂无可用帮助!");
            }
            //退出
            else if (cmd.equals("退出(X)")) {
                System.exit(0);
            }
        }
}

import viewer.component.ViewerFrame;
import viewer.component.ViewerService;
/**
 * 图片浏览器的 Action 接口
 */
public interface Action {
    /**
     * 具体执行的方法
```

```
     * @param service 图片浏览器的业务处理类
     * @param frame 主界面对象
     */
    void execute(ViewerService service, ViewerFrame frame);
}


import viewer.component.ViewerFrame;
import viewer.component.ViewerService;
/**
 * 放大图片的 Action
 *
 */
public class BigAction implements Action {

    @Override
    public void execute(ViewerService service, ViewerFrame frame) {
        service.zoom(frame, true);
    }


}


import viewer.component.ViewerFrame;
import viewer.component.ViewerService;
/**
 * 上一张图片的 Action
 */
public class LastAction implements Action {
    public void execute(ViewerService service, ViewerFrame frame) {
        service.last(frame);
    }


}


import viewer.component.ViewerFrame;
import viewer.component.ViewerService;
/**
 * 下一张图片的 Action
 */
public class NextAction implements Action {

    @Override
    public void execute(ViewerService service, ViewerFrame frame) {
        service.next(frame);
    }
}


import viewer.component.ViewerFrame;
```

```java
import viewer.component.ViewerService;
/**
 * 打开图片文件的 Action
 */
public class OpenAction implements Action {
    public void execute(ViewerService service, ViewerFrame frame) {
        service.open(frame);
    }
}


import viewer.component.ViewerFrame;
import viewer.component.ViewerService;
/**
 * 缩小图片的 Action
 */
public class SmallAction implements Action {

    public void execute(ViewerService service, ViewerFrame frame) {
        service.zoom(frame, false);
    }
}


import java.awt.event.ActionEvent;
import javax.swing.AbstractAction;
import javax.swing.ImageIcon;
import viewer.component.ViewerFrame;
import viewer.component.ViewerService;
/**
 * 工具栏的 Action 类
 * @SuppressWarnings:忽略 serial 警告
 */
@SuppressWarnings("serial")
public class ToolPanelAction extends AbstractAction {
    private String actionName = "";
    private ViewerFrame frame = null;

    //这个工具栏的 AbstractAction 所对应的 zhong.action 包的某个 Action
    private Action action = null;

    /**
     * 构造方法
     *
     */
    public ToolPanelAction() {
        //调用父构造方法
        super();
    }

    /**
     * 构造方法
```

```
     *
     * @param icon
     *              ImageIcon 图标
     * @param name
     *              String
     */
    public ToolPanelAction (ImageIcon icon, String actionName, ViewerFrame
frame) {
        //调用父构造方法
        super("", icon);
        this.actionName = actionName;
        this.frame = frame;
    }


    /**
     * 重写 void actionPerformed( ActionEvent e )方法
     *
     * @param e
     *              ActionEvent
     */
    @Override
    public void actionPerformed(ActionEvent e) {
        ViewerService service = ViewerService.getInstance();
        Action action = getAction(this.actionName);
        //调用 Action 的 execute()方法
        action.execute(service, frame);
    }


    /**
     * 通过 actionName 得到该类的实例
     * @param actionName
     * @return
     */
    private Action getAction(String actionName) {
        try {
            if (this.action == null) {
                //创建 Action 实例
                Action action = (Action)Class.forName(actionName).newInstance();
                this.action = action;
            }
            return this.action;
        } catch (Exception e) {
            return null;
        }
    }
}
```

4. 运行结果

（1）启动主程序（Main）之后，单击“打开”按钮（或“文件”/“打开”），选择一个图片文件，如图 7-9 所示。

图 7-9　主界面

（2）单击工具栏的“放大”按钮（菜单：“工具”/“放大”），当前图片被放大，如图 7-10所示。

图 7-10　放大图片

（3）单击工具栏的“下一张”按钮（菜单：“工具”/“下一个”），显示当前文件夹中的下一张图片。

7.3.2 范例 2 商品基本信息管理系统

1. 范例描述

商品基本信息包括商品编号、名称、商品类型、库存位置、库存量、单价、销售状态和总价等,商品基本信息管理实现商品基本信息的增加、删除和修改等任务。其界面设计如图 7-11 所示。

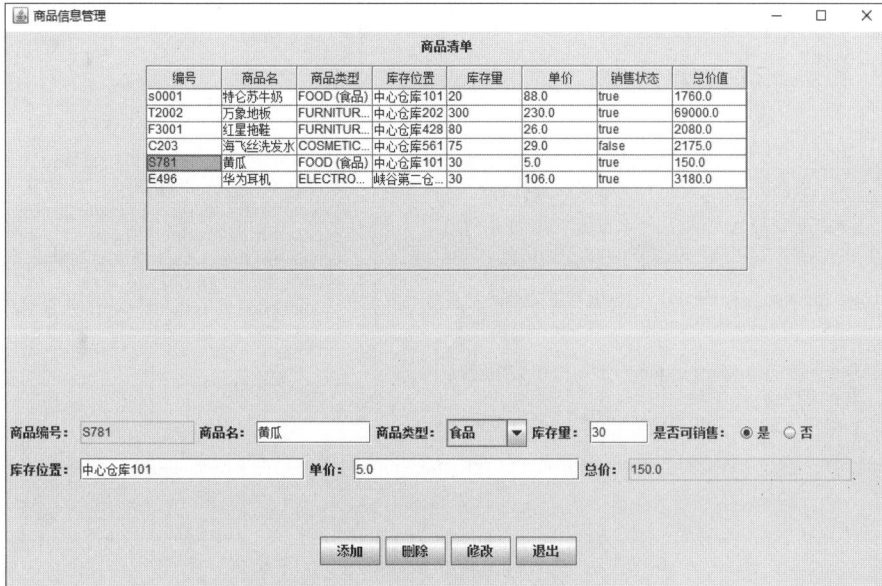

图 7-11　商品基本信息管理系统主界面

单击"添加"按钮,弹出增加商品信息窗口如图 7-12 所示,单击"保存"按钮,完成添加新的商品信息任务,主界面显示新增加的商品清单。

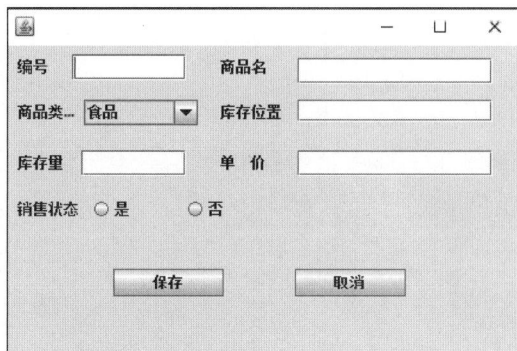

图 7-12　商品基本信息管理系统增加商品

2. 范例分析

(1) 界面设计。商品信息管理系统需要两个界面,一个界面展示商品信息,另一个"添加"界面,接收新的商品信息。主界面采用纯代码编程实现,使用 WindowBuilder 工具设计"添加"界面。设计主界面,界面布局使用布局管理器 BorderLayout,BorderLayout. NORTH 有一个 JPanel 容器,包括一个 JLabel 组件,BorderLayout. CENTER 有一个

JTable 组件，BorderLayout.SOUTH 使用容器 JPanel。

（2）数据管理。类 Inventory 表示商品信息，DataOperator 类负责所有数据处理，使用 ArrayList＜Inventory＞集合 inventoryList 保存所有商品信息，当"添加""删除""修改"后需要修改集合 inventoryList，保证数据一致性，AddInventoryFrame 是添加商品界面，枚举类型 InventoryType 表示商品类型。商品信息管理系统的 UML 类结构如图 7-13 所示。

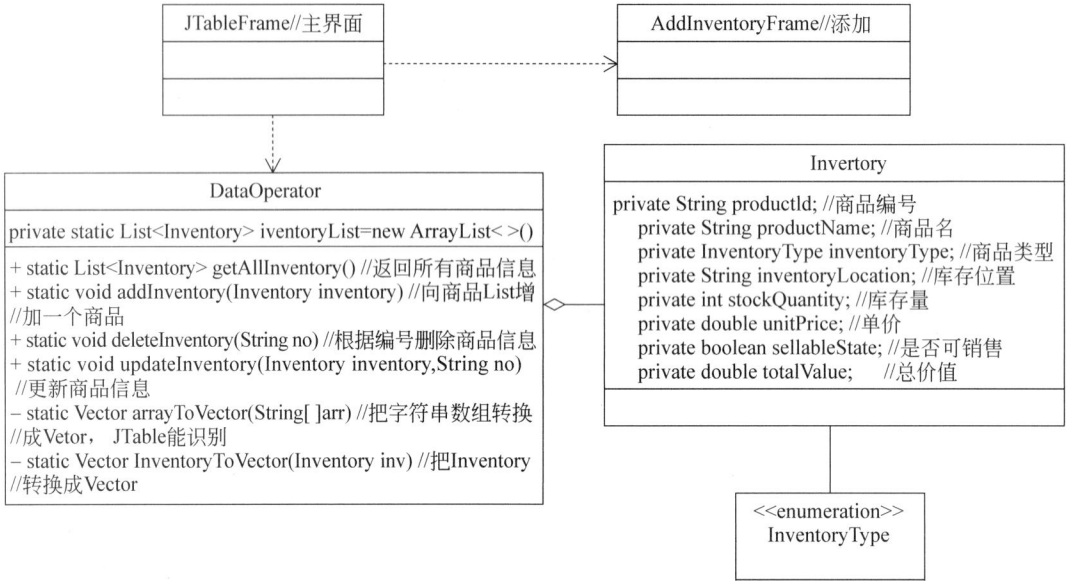

图 7-13　商品信息管理系统的 UML 类结构

（3）交互处理。JTableFrame 是主界面，单击主界面的"添加""删除""修改"按钮后，触发 ActionEvent 事件，执行监听器 ActionListener 中的 actionFormed（）方法，完成相应任务。

3. 范例代码

```java
import java.awt.*;
import java.awt.event.*;
import java.util.Iterator;
import java.util.Vector;
import javax.swing.*;
import javax.swing.table.DefaultTableModel;
/*
 * 商品库存信息管理主界面
 */
class JTableFrame extends JFrame implements ActionListener {
    JTable jtableInventory = new JTable();    //创建一个空白的 JTable
    JScrollPane jsp;                          //带滚动条的面板
    JLabel lblInventoryList=new JLabel("商品清单");
    JPanel panelCenter = new JPanel();
    JPanel panelNorth = new JPanel();
    JPanel panelSouth = new JPanel();
    JLabel lblNo=new JLabel("商品编号:");
```

```java
JTextField txtNo=new JTextField(10);
JLabel lblName = new JLabel("商品名:");                          //文本框
JTextField txtName = new JTextField(10);
JLabel stockQuantity = new JLabel("库存量:");                    //文本框
JTextField txtStockQuantity = new JTextField(5);
JLabel lblSellableState = new JLabel("是否可销售:");             //单选按钮
ButtonGroup bgr = new ButtonGroup();
JRadioButton jrbYes = new JRadioButton("是", true);
JRadioButton jrbNo = new JRadioButton("否");
JLabel lblProductTypeType = new JLabel("商品类型:");            //列表框
String productType[] = { "食品", "家居用品", "电子产品","化妆品" };
JComboBox jcbType = new JComboBox(productType);
JLabel lblLocation = new JLabel("库存位置:");                    //文本框
JTextField txtLocation = new JTextField(20);
JLabel lblUnitPrice = new JLabel("单价:");                       //文本框
JTextField txtUnitPrice = new JTextField(20);

JLabel lblTotal = new JLabel("总价:");                           //文本框
JTextField txtTotal = new JTextField(20);

JButton btnAdd = new JButton("添加");
JButton btnDelete = new JButton("删除");
JButton btnUpdate = new JButton("修改");
JButton btnExit = new JButton("退出");
JPanel p1 = new JPanel(new FlowLayout(FlowLayout.LEFT));
JPanel p2 = new JPanel(new FlowLayout(FlowLayout.LEFT));
JPanel p3 = new JPanel(new FlowLayout(FlowLayout.LEFT));
JPanel p4 = new JPanel(new FlowLayout(FlowLayout.CENTER));
JTableFrame() throws Exception {
    super("商品信息管理");
    jtableInventory.setRowSelectionAllowed(true);
    jtableInventory.setColumnSelectionAllowed(true);
    jsp = new JScrollPane(jtableInventory);
    jsp.setPreferredSize(new Dimension(600,200));
    this.bindInventoryList();                                    //绑定商品信息
    panelCenter.add(jsp);                                        //将 JTable 添加到滚动面板中
    panelNorth.add(lblInventoryList);
    panelSouth.setLayout(new GridLayout(5, 1));                  //安排组件的顺序
    txtNo.setEditable(false);                                    //编号不能编辑
    p1.add(lblNo);
    p1.add(txtNo);
    p1.add(lblName);
    p1.add(txtName);
    p1.add(lblProductTypeType);
    p1.add(jcbType);
    p2.add(lblLocation);
    p2.add(txtLocation);
    p1.add(stockQuantity);
    p1.add(txtStockQuantity);
    p2.add(lblUnitPrice);
```

```java
            p2.add(txtUnitPrice);
            p1.add(lblSellableState);
            p1.add(jrbYes);
            p1.add(jrbNo);
            bgr.add(jrbYes);
            bgr.add(jrbNo);
            p2.add(lblTotal);                              //总价
            p2.add(txtTotal);                              //总价
            txtTotal.setEditable(false);                   //总价不能编辑
            panelSouth.add(p1);
            panelSouth.add(p2);
            panelSouth.add(p3);
            btnAdd.addActionListener(new ActionListener(){
                                                //单击"增加"按钮,向列表增加一行
                @Override
                public void actionPerformed(ActionEvent e) {
                    new  AddInventoryFrame();          //调用增加窗口
                    setVisible(false);
                }
            });
            btnDelete.addActionListener(new ActionListener(){
                @Override
                public void actionPerformed(ActionEvent e) {
                    if (JOptionPane.showConfirmDialog(null, "真的要删除吗?", "确认删除",
                        JOptionPane.OK_CANCEL_OPTION) == JOptionPane.YES_OPTION) {
                        int row = jtableInventory.getSelectedRow();
                        DataOperator.deleteInventory(jtableInventory.getValueAt(row,
0).toString());
                        bindInventoryList();
                        JOptionPane.showMessageDialog(null, "删除成功!");
                    }

                }

            });
            //选中表格的商品信息,主界面下方显示详细信息,在该位置修改商品
            btnUpdate.addActionListener(new ActionListener(){
                                            //修改按钮,修改商品库存信息
                @Override
                public void actionPerformed(ActionEvent e) {
                    if (JOptionPane.showConfirmDialog(null, "真的要修改吗?", "确认修改",
                        JOptionPane.OK_CANCEL_OPTION) == JOptionPane.YES_OPTION) {
                        int row = jtableInventory.getSelectedRow();
                        String no=jtableInventory.getValueAt(row, 0).toString();
                                            //获得需要修改商品的编号
                        Iterator<Inventory> it=DataOperator.getAllInventory().
iterator();                                 //获得所有商品数据
                        while(it.hasNext()){
                            Inventory inv=it.next();  //定位某个商品
                            if(inv.getProductId().equals(no)){   //找到需要修改的商品
```

```java
                inv.setProductName(txtName.getText());     //修改商品名
            //设置商品类型
                String inventoryType=(String)jcbType.getSelectedItem();
                if( inventoryType.equals("化妆品)")){
                    inv.setIventoryType(InventoryType.COSMETICS);
                }else if(inventoryType.equals("食品")){
                    inv.setIventoryType(InventoryType.FOOD);
                }else if(inventoryType.equals("电子产品)")){
                    inv.setIventoryType(InventoryType.ELECTRONIC);;
                }else if(inventoryType.equals("家居用品")){
                    inv.setIventoryType(InventoryType.FURNITURE);
                }
                inv.setInventoryLocation(txtLocation.getText());
                inv.setStockQuantity(Integer.valueOf
(txtStockQuantity.getText().trim()));
                inv.setUnitPrice(Double.valueOf(txtUnitPrice.
getText().trim()));

                if(jrbYes.isSelected())
                    inv.setSellableState(true);
                else
                    inv.setSellableState(false);
                inv.setTotalValue();
                txtTotal.setText(String.valueOf(inv.getTotalValue()));
            }
        }
        bindInventoryList();                    //把商品库存信息表与表格绑定
        JOptionPane.showMessageDialog(null, "修改成功!");
    }
}


});
btnExit.addActionListener(this);
p4.add(btnAdd);
p4.add(btnDelete);
p4.add(btnUpdate);
p4.add(btnExit);
panelSouth.add(p4);
//设置 JTable 是否可以自动调整大小
jtableInventory.setAutoResizeMode(JTable.AUTO_RESIZE_ALL_COLUMNS);
jtableInventory.addMouseListener(new MouseAdapter() {
                                        //添加单击 JTable 的事件处理
    public void mouseClicked(MouseEvent evt) {
        try {//如果单击表格空白处,什么也不处理
            int row = jtableInventory.getSelectedRow();
                                        //获得当前被选中的行号
            txtNo.setText(jtableInventory.getValueAt(row, 0).toString());
            txtName.setText(jtableInventory.getValueAt(row, 1).toString());
            txtStockQuantity.setText(jtableInventory.getValueAt(row,
4).toString());
```

```java
                    if ((jtableInventory.getValueAt(row, 6).toString()).equals
("true")) {
                            jrbYes.setSelected(true);
                            jrbNo.setSelected(false);
                        } else {
                            jrbYes.setSelected(false);
                            jrbNo.setSelected(true);
                        }
                        //设置商品类型
                        String inventoryType=jtableInventory.getValueAt(row, 2).
toString();
                        if( inventoryType.equals("COSMETICS (化妆品)")){
                            jcbType.setSelectedItem("化妆品");
                        }else if(inventoryType.equals("FOOD (食品)")){
                            jcbType.setSelectedItem("食品");
                        }else if(inventoryType.equals("ELECTRONIC (电子产品)")){
                            jcbType.setSelectedItem("电子产品");
                        }else if(inventoryType.equals("FURNITURE (家居用品)")){
                            jcbType.setSelectedItem("家居用品");
                        }
                //    System.out.println(jtableInventory.getValueAt(row, 2).
toString());
                //    jcbType.setSelectedItem(jtableInventory.getValueAt(row,
2).toString());
                        txtLocation.setText(jtableInventory.getValueAt(row, 3).
toString());
                        txtUnitPrice.setText(jtableInventory.getValueAt(row, 5).
toString());
                        txtTotal.setText(jtableInventory.getValueAt(row, 7).
toString());
                        //txaaddr.setText(teacher.getValueAt(row, 7).toString());
                    } catch (Exception e) {
                        //单击表格空白处,什么也不处理
                    }
                }
            });
        Container contentpane = getContentPane();
        contentpane.add(panelCenter, BorderLayout.CENTER);//将 JTable 添加到窗体中
        contentpane.add(panelNorth, BorderLayout.NORTH);  //将 JTable 添加到窗体中
        contentpane.add(panelSouth, BorderLayout.SOUTH);
        this.setSize(800, 600);
        this.setLocation(400, 200);
        setVisible(true);
        setDefaultCloseOperation(JFrame.EXIT_ON_CLOSE);
    }

    @SuppressWarnings("unchecked")
    public  void bindInventoryList() {              //把 List 中的商品信息绑定到 JTable
        Vector title=new Vector();
        title.add("编号");
```

```java
            title.add("商品名");
            title.add("商品类型");
            title.add("库存位置");
            title.add("库存量");
            title.add("单价");
            title.add("销售状态");
            title.add("总价值");
//        Vector vectorInventory;
        try {
            Vector vectorInventory=new Vector();
            for(Inventory inv:DataOperator.getAllInventory()){
                vectorInventory.add(DataOperator.InventoryToVector(inv));
                System.out.println("---"+inv);
            }
            DefaultTableModel dtm = new DefaultTableModel(vectorInventory,
title);
            jtableInventory.setModel(dtm);    //设置 TableModel
            this.jsp.repaint();
        } catch (Exception e) {
            e.printStackTrace();
        }
    }

    public void actionPerformed(ActionEvent e) {
        JButton btn = (JButton) e.getSource();
        try {
            if (btn.equals(btnDelete)) {        //删除选择表格中的学生信息

            }
            if (btn.equals(btnUpdate)) {        //修改学生信息

            }
            if (btn.equals(btnExit)) {          //退出系统
                System.exit(0);
            }
        } catch (Exception ex) {
        }
    }
}

//定义商品类
public class Inventory {
    private String productId;                   //商品编号
    private String productName;                 //商品名
    private InventoryType iventoryType;         //商品类型
    private String inventoryLocation;           //库存位置
    private int stockQuantity;                  //库存量
    private double unitPrice;                    //单价
    private boolean sellableState;              //是否可销售
    private double totalValue;                  //总价值
```

```java
    public InventoryType getIventoryType() {
        return iventoryType;
    }
    public Inventory() {
        super();
    }


    public Inventory (String productId, String productName, InventoryType productType,
            String inventoryLocation, int stockQuantity, double unitPrice,
            boolean isSellable) {
        super();
        this.productId = productId;
        this.productName = productName;
        this.iventoryType = productType;
        this.inventoryLocation = inventoryLocation;
        this.stockQuantity = stockQuantity;
        this.unitPrice = unitPrice;
        this.sellableState = isSellable;
        this.totalValue = this.getTotalValue();
    }

    //省略 Getter 和 Setter 方法
    //计算总价值的方法
    public double getTotalValue() {
        return stockQuantity * unitPrice;
    }
    public void setTotalValue() {
        this.totalValue = this.getTotalValue();
    }
    //toString()方法,用于打印对象信息
    @Override
    public String toString() {
        return "商品信息{" +
                "productId='" + productId + '\'' +
                ", productName='" + productName + '\'' +
                ", iventoryType='" + iventoryType + '\'' +
                ", inventoryLocation='" + inventoryLocation + '\'' +
                ", stockQuantity=" + stockQuantity +
                ", unitPrice=" + unitPrice +
                ", totalValue=" + getTotalValue() + //使用方法获取总价值
                ", isSellable=" + sellableState +
                '}';
    }
}

//商品类型
public enum InventoryType {
    FOOD("食品"),
    FURNITURE("家居用品"),
```

```java
    ELECTRONIC("电子产品"),
    COSMETICS("化妆品");

    //枚举类型的私有构造方法,接受一个字符参数
    private InventoryType(String code) {
        this.code = code;
    }

    //枚举常量对应的字符字段
    private final String code;

    //获取字符代码的方法
    public String getCode() {
        return code;
    }

    //重写 toString()方法,以便在需要时返回带有字符代码的字符串
    @Override
    public String toString() {
        return name() + " (" + code + ")";
    }
}


import java.awt.EventQueue;
import javax.swing.JFrame;
import javax.swing.JLabel;
import java.awt.BorderLayout;
import java.awt.event.ActionEvent;
import java.awt.event.ActionListener;
import javax.swing.ButtonGroup;
import javax.swing.JOptionPane;
import javax.swing.JTextField;
import javax.swing.JRadioButton;
import javax.swing.JButton;
import javax.swing.JComboBox;
//使用 windowBuild 创建 GUI
public class AddInventoryFrame {
    private JFrame frame;
    private JTextField txtNo;
    private JTextField txtName;
    private JTextField txtLocation;
    private JTextField txtStockQuantity;
    private JTextField txtUnitPrice;
    JComboBox jcbType;
    ButtonGroup bg = new ButtonGroup();
    /**
     * Launch the application.
     */
    public static void main(String[] args) {
```

```java
        EventQueue.invokeLater(new Runnable() {
            public void run() {
                try {
                    AddInventoryFrame window = new AddInventoryFrame();
                    window.frame.setVisible(true);
                } catch (Exception e) {
                    e.printStackTrace();
                }
            }
        });
    }

    /**
     * Create the application.
     */
    public AddInventoryFrame() {
        initialize();
    }

    /**
     * Initialize the contents of the frame.
     */
    private void initialize() {
        frame = new JFrame("添加一个商品");
        frame.setBounds(400, 200, 451, 294);
        frame.setDefaultCloseOperation(JFrame.EXIT_ON_CLOSE);
        frame.getContentPane().setLayout(null);

        JLabel label = new JLabel("\u7F16\u53F7");
        label.setBounds(10, 10, 54, 15);
        frame.getContentPane().add(label);

        txtNo = new JTextField();
        txtNo.setBounds(56, 7, 96, 21);
        frame.getContentPane().add(txtNo);
        txtNo.setColumns(10);

        JLabel label_1 = new JLabel("\u5546\u54C1\u540D");
        label_1.setBounds(181, 10, 54, 15);
        frame.getContentPane().add(label_1);

        txtName = new JTextField();
        txtName.setBounds(246, 10, 164, 21);
        frame.getContentPane().add(txtName);
        txtName.setColumns(10);

        JLabel lbl1 = new JLabel("\u5546\u54C1\u7C7B\u578B");
        lbl1.setBounds(10, 47, 54, 15);
        frame.getContentPane().add(lbl1);
```

```java
JLabel label_2 = new JLabel("\u5E93\u5B58\u4F4D\u7F6E");
label_2.setBounds(181, 47, 54, 15);
frame.getContentPane().add(label_2);

txtLocation = new JTextField();
txtLocation.setBounds(246, 44, 164, 18);
frame.getContentPane().add(txtLocation);
txtLocation.setColumns(10);

JLabel label_3 = new JLabel("\u5E93\u5B58\u91CF");
label_3.setBounds(10, 89, 54, 15);
frame.getContentPane().add(label_3);

txtStockQuantity = new JTextField();
txtStockQuantity.setBounds(64, 86, 88, 21);
frame.getContentPane().add(txtStockQuantity);
txtStockQuantity.setColumns(10);

JLabel label_4 = new JLabel("\u5355    \u4EF7");
label_4.setBounds(181, 89, 54, 15);
frame.getContentPane().add(label_4);

txtUnitPrice = new JTextField();
txtUnitPrice.setBounds(246, 86, 164, 21);
frame.getContentPane().add(txtUnitPrice);
txtUnitPrice.setColumns(10);

JLabel label_5 = new JLabel("\u9500\u552E\u72B6\u6001");
label_5.setBounds(10, 127, 54, 15);
frame.getContentPane().add(label_5);

JRadioButton jrbYes = new JRadioButton("是");
jrbYes.setBounds(71, 123, 54, 23);
frame.getContentPane().add(jrbYes);

JRadioButton jrbNo = new JRadioButton("否");
jrbNo.setBounds(150, 123, 59, 23);
frame.getContentPane().add(jrbNo);

bg.add(jrbNo);
bg.add(jrbYes);

JButton buttonSave = new JButton("保存");      //保存
buttonSave.setBounds(91, 183, 93, 23);
frame.getContentPane().add(buttonSave);

JButton buttonCancel = new JButton("取消");
buttonCancel.setBounds(244, 183, 93, 23);
frame.getContentPane().add(buttonCancel);
String productType[] = { "食品", "家居用品", "电子产品", "化妆品" };
```

```java
        jcbType = new JComboBox(productType);
        jcbType.setBounds(66, 44, 96, 21);
        frame.getContentPane().add(jcbType);
        frame.setVisible(true);
        buttonSave.addActionListener(new ActionListener() {
                                        //保存按钮,把新的商品库存信息保存到商品列表
                    @Override
                    public void actionPerformed(ActionEvent e) {
                        if (JOptionPane.showConfirmDialog(null, "真的要添加吗?",
                                "确认添加", JOptionPane.OK_CANCEL_OPTION) ==
JOptionPane.YES_OPTION) {
                            //Vector vector = new Vector();
                            Inventory inv = new Inventory();
                            inv.setProductId(txtNo.getText());          //商品编号
                            inv.setProductName(txtName.getText());   //商品名
                            inv.setInventoryLocation(txtLocation.getText());
                                                                    //库存位置
                            //System.out.println("--商品类型---"+
InventoryType.valueOf((String)jcbType.getSelectedItem()));
                            String type = (String) jcbType.getSelectedItem();
                            if (type.equals("食品"))
                                inv.setInventoryType(InventoryType.FOOD);
                            else if (type.equals("家居用品"))
                                inv.setInventoryType(InventoryType.FURNITURE);
                            else if (type.equals("电子产品"))
                                inv.setInventoryType(InventoryType.ELECTRONIC);
                            else if (type.equals("化妆品"))
                                inv.setInventoryType(InventoryType.COSMETICS);

                            //inv.setProductType(InventoryType.valueOf((String)
jcbType.getSelectedItem()));                        //商品类型

                            inv.setStockQuantity(Integer
                                    .valueOf(txtStockQuantity.getText()));
                                                                    //库存量
                            inv.setUnitPrice(Double.valueOf(txtUnitPrice
                                    .getText()));               //单价
                            if (jrbYes.isSelected())
                                inv.setSellable(Boolean.valueOf("true"));
                            else
                                inv.setSellable(Boolean.valueOf("false"));
                            inv.setTotalValue();                    //设置总价值

                            DataOperator.addInventory(inv);
                                        //增加到库存清单 inventoryList
                            try {
                                new JTableFrame().bindInventoryList(); //与表格绑定
                            } catch (Exception e1) {
                                //TODO Auto-generated catch block
                                e1.printStackTrace();
```

```java
                }//把 inventoryList 与表格绑定
                JOptionPane.showMessageDialog(null, "插入成功!");
                frame.setVisible(false);
            }
        }
    });
    buttonCancel.addActionListener(new ActionListener(){

        @Override
        public void actionPerformed(ActionEvent e) {
            frame.setVisible(false);
            try {
                new JTableFrame().bindInventoryList();
            } catch (Exception e1) {
                //TODO Auto-generated catch block
                e1.printStackTrace();
            }//与表格绑定
        }
    });
    }
}


import java.util.*;
import java.util.Vector;
//数据处理类
public class DataOperator {
    private static List<Inventory> iventoryList=new ArrayList<>();
                                        //保存所有商品信息
    static {//初始化商品库存信息列表
        iventoryList.add(new Inventory("s0001", "特仑苏牛奶", InventoryType.
FOOD, "中心仓库 101", 20, 88, true));
        iventoryList.add(new Inventory("T2002", "万象地板", InventoryType.
FURNITURE, "中心仓库 202", 300, 230, true));
        iventoryList.add(new Inventory("F3001", "红星拖鞋", InventoryType.
FURNITURE, "中心仓库 428", 80, 26, true));
        iventoryList.add(new Inventory("C203", "海飞丝洗发水", InventoryType.
COSMETICS, "中心仓库 561", 75, 29, false));
        iventoryList.add(new Inventory("S781", "黄瓜", InventoryType.FOOD, "中心
仓库 101", 30, 5, true));
        iventoryList.add(new Inventory("E496", "华为耳机", InventoryType.
ELECTRONIC, "峡谷第二仓库 206", 30, 106, true));
    }
    public static  List<Inventory> getAllInventory() {  //返回所有商品信息
        return iventoryList;
    }
    //增加商品信息
    public static void addInventory(Inventory inventory) {
                                        //向商品 List 增加一个商品
        iventoryList.add(inventory);
```

```java
        System.out.println("---");
        System.out.println(iventoryList.toString());
    }
    //根据编号删除商品信息
    public static   void deleteInventory(String no) {
                                            //根据编号删除商品信息
        List<Inventory> tempList=new ArrayList<>();
                                            //把不符合删除条件的保存在该 List 中
//      Vector student=new Vector();
        for(Inventory inv:iventoryList) {
            if(!inv.getProductId().equals(no)) {   //如果当前商品不满足删除条件
                tempList.add(inv);
            }
        }
        iventoryList=tempList;                      //获得不需要删除而保存的商品信息
    }
    //选中表格的商品信息,主界面下方显示详细信息,在该位置修改商品
    public static   void updateInventory(Inventory inventory,String no) {
        Iterator<Inventory> it=iventoryList.iterator();
        while(it.hasNext()){
            Inventory inv=it.next();
            if(inv.getProductId().equals(no)){ //找到需要修改的商品
                it.remove();                       //删除需要修改的商品
            }
        }
    }
    //把字符串数组转成 Vector
    private   static Vector arrayToVector(String[ ] arr) {
        Vector v=new Vector();
        for(String str:arr) {
            v.add(str);
        }
        return v;
    }
    //把 Inventory 对象转换成 Vector
    public static   Vector InventoryToVector(Inventory inv){
                                            //把 Inventory 对象转换成 Vector
        Vector v=new Vector();
        v.add(inv.getProductId());
        v.add(inv.getProductName());
        v.add(inv.getProductType());
        v.add(inv.getInventoryLocation());
        v.add(inv.getStockQuantity());
        v.add(inv.getUnitPrice());
        v.add(inv.getSellableState());
        v.add(inv.getTotalValue());
        return v;
    }
}
```

```
//测试类
public class Main {
    public static void main(String args[]) throws Exception {
        JTableFrame h = new JTableFrame();
    }
}
```

4. 运行结果

准备测试数据。在 DataOperator 类中准备 6 条测试数据如下。

```
static {//初始化商品库存信息列表
        iventoryList.add(new Inventory("s0001", "特仑苏牛奶", InventoryType.
FOOD, "中心仓库 101", 20, 88, true));
        iventoryList.add(new Inventory("T2002", "万象地板", InventoryType.
FURNITURE, "中心仓库 202", 300, 230, true));
        iventoryList.add(new Inventory("F3001", "红星拖鞋", InventoryType.
FURNITURE, "中心仓库 428", 80, 26, true));
        iventoryList.add(new Inventory("C203", "海飞丝洗发水", InventoryType.
COSMETICS, "中心仓库 561", 75, 29, false));
        iventoryList.add(new Inventory("S781", "黄瓜", InventoryType.FOOD, "中心
仓库 101", 30, 5, true));
        iventoryList.add(new Inventory("E496", "华为耳机", InventoryType.
ELECTRONIC, "峡谷第二仓库 206", 30, 106, true));
    }
```

（1）启动主界面。启动 Main 应用程序后显示主界面，单击商品清单中的某个商品，图 7-11 的界面下部显示该商品的详细信息。

（2）添加数据。单击主界面的"添加"按钮，弹出图 7-12 所示的增加商品界面。输入需要添加的商品信息，单击"保存"按钮，主界面增加新的商品。

（3）删除商品。在主界面中选择需要删除的商品，单击"删除"按钮，如图 7-14 所示。

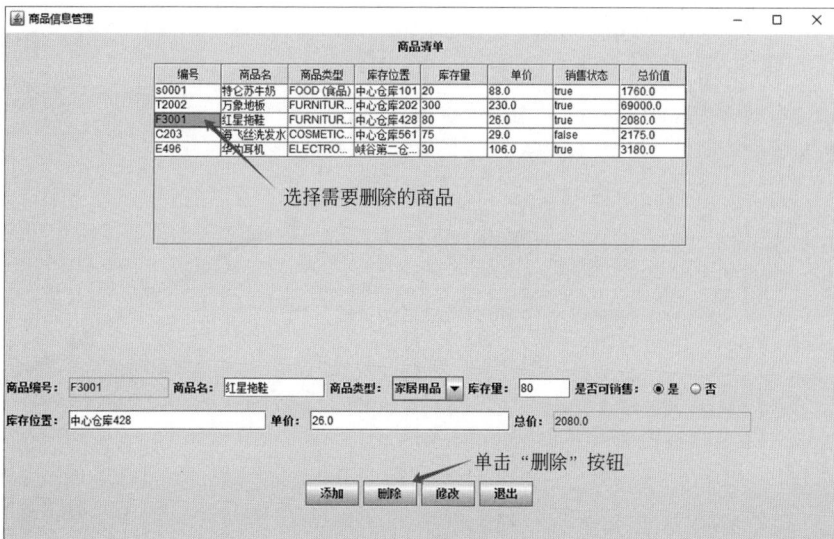

图 7-14　删除商品界面

（4）修改商品信息。在主界面中选择需要修改的商品，在下方的商品信息显示区修改商品信息，单击"修改"按钮，如图 7-15（a）所示。修改之后的界面如图 7-15（b）所示。

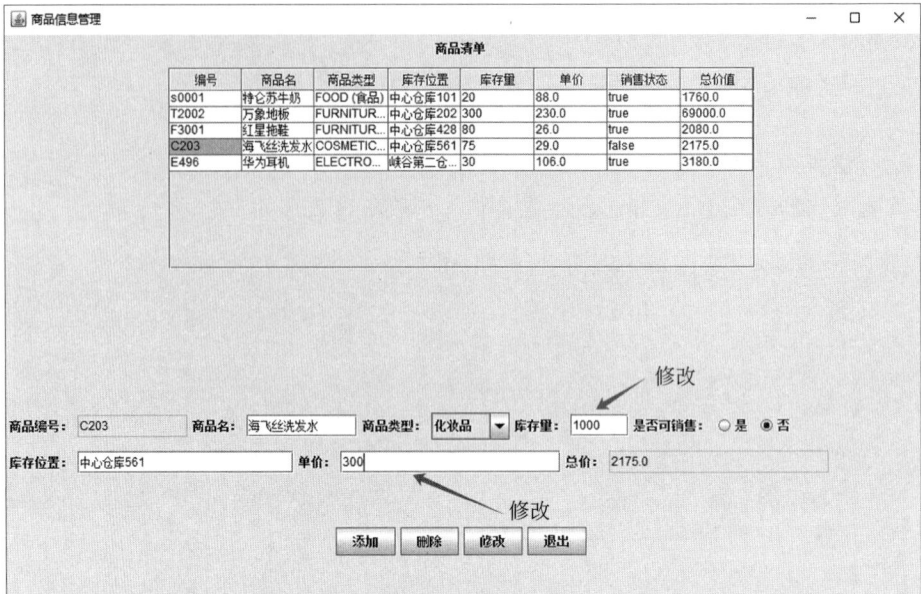

(a) 修改商品信息

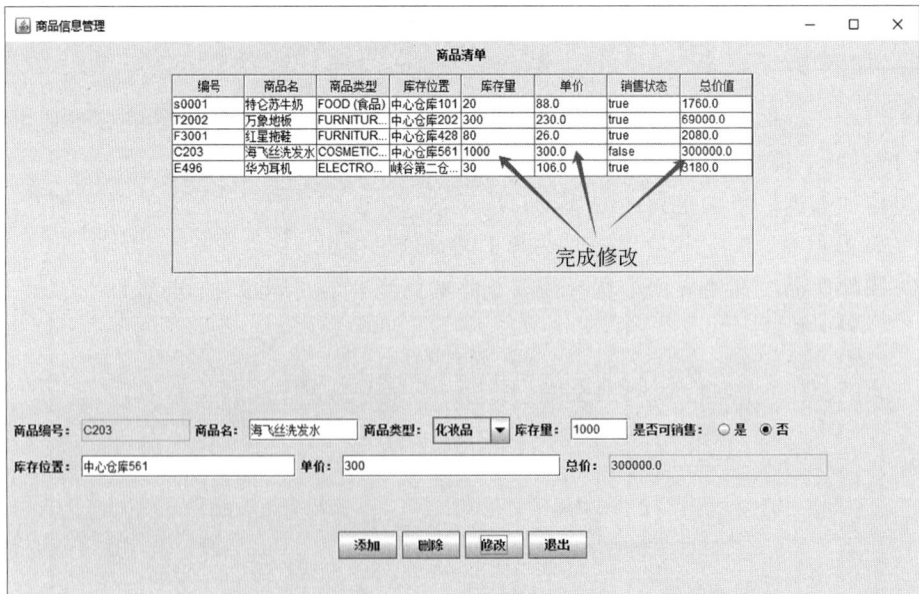

(b) 修改之后的界面

图 7-15 修改商品界面

7.4 注意事项

（1）事件处理问题。Java 的 GUI 应能及时响应用户操作，无论是单击按钮、滚动列表还是加载数据，用户都能得到及时反馈，Java 采用事件委托处理模型来响应事件。

（2）设计 GUI 问题。设计 GUI 可采用纯代码，也可采用 GUI 设计工具如 WindowBuilder，在使用纯代码设计简单 GUI 基础上，使用可视化工具 WindowBuilder 设计 GUI 能深入理解 GUI 设计原理。

（3）MVC 模型问题。MVC 全称 Model-View-Controller（模型-视图-控制器），是一种软件架构模式，主要用于将用户界面和业务逻辑分离，使代码具有更高的可扩展性、可复用性、可维护性以及灵活性。Model 主要负责处理业务数据和业务逻辑，View 负责设计界面，是用户和程序交互的接口，Controller 负责协调 Model 和 View 之间的关系，接收用户与界面交互时传递过来的数据，并根据数据业务逻辑来执行服务的调用和更新业务模型的数据和状态。

7.5 实践任务

任务　学生信息管理系统

设计学生信息管理系统，完成学生基本信息的 CRUD 操作，学生信息包括学号、姓名、性别、出生日期、手机号码等，主界面如图 7-16 所示。主界面中，单击学生信息表，右边显示该学生信息，右击可以删除、编辑该学生，在输入区域输入学生信息后，单击"新增数据"，学生信息显示区显示新增的学生信息，学生信息显示区可实现分页显示。单击表格中的某个学生数据后，显示"保存编辑"界面，如图 7-16 所示，可以编辑选择的学生信息。

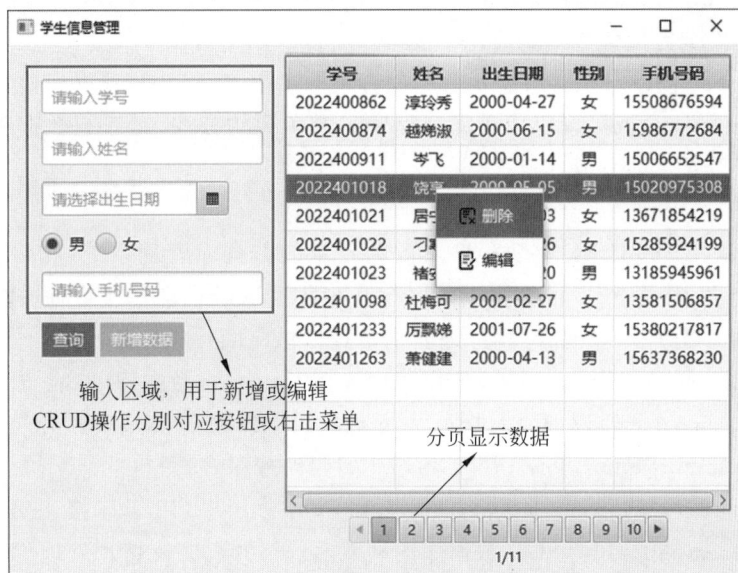

图 7-16　学生信息管理系统主界面

第 8 章 JDBC 编程

8.1 知 识 简 介

Java 数据库连接(Java Database Connectivity,JDBC)是 Java 的核心 API 之一。它由一组用 Java 语言编写的类和接口组成,为 Java 应用程序提供了一种标准的方法来访问关系数据库,Java 应用程序可以使用这些接口和类来执行 SQL 语句、处理结果集以及进行数据库事务处理等。

JDBC 的体系结构包括 JDBC API 和 JDBC 驱动程序两个关键部分,JDBC API 是 Java 应用程序用来与数据库交互的接口,而 JDBC 驱动程序则负责实现这些接口,与特定的数据库进行通信。驱动程序管理器负责管理这些驱动程序,确保在需要时能够选择合适的驱动程序建立与数据库的连接。

JDBC 的优点主要包括:①跨平台性;②数据库抽象;③预编译和批处理;④支持事务处理;⑤代码具有简洁性和可读性;⑥提供资源管理和连接池。

JDBC 的主要类和接口构成了 JDBC API 的核心,它们为 Java 应用程序提供了与关系数据库交互的功能。

(1) DriverManager 类。该类管理数据库驱动,是 JDBC 的入口。

(2) Connection 接口。该接口是应用程序和数据库的连接,用于发送命令和接收数据。

(3) Statement 接口。该接口执行静态 SQL 语句并返回结果。

(4) PreparedStatement 接口。该接口执行参数化的 SQL 语句,因为它能预编译 SQL 语句,在性能和安全方面优于 Statement 接口。

(5) ResultSet 接口。该接口表示数据库查询的结果集,包含从数据库检索的数据。

(6) Driver 接口。该接口定义了驱动程序需要实现的方法,第三方数据库系统厂商的 JDBC 驱动程序需要实现该接口。

(7) SQLException 类。该类是 JDBC 操作出现的异常。

不同数据库系统的 JDBC 驱动程序专门为特定的数据库管理系统(DBMS)设计,它们实现了 JDBC API,从而允许 Java 应用程序与这些数据库进行交互。每种数据库系统都有自己的 JDBC 驱动程序,这些驱动程序通常由数据库供应商提供。

Oracle JDBC 驱动程序允许 Java 应用程序连接到 Oracle 数据库,并能访问 Oracle 数据库,包括 SQL 语句、事务处理、存储过程、大型对象(LOBs)等,Oracle JDBC 驱动程序通常以 ojdbc 开头,如 ojdbc8.jar 表示适用于 Java 8 的驱动程序。

MySQL JDBC 驱动程序(也称为 MySQL Connector/J)用于连接 Java 应用程序到 MySQL 数据库,提供了对 MySQL 数据库的高效、可靠访问,并支持预处理、批处理、事务等特性,驱动程序的 JAR 文件通常是 mysql-connector-java-x.x.xx.jar。

SQL Server JDBC 驱动程序(也称为 Microsoft JDBC Driver for SQL Server)允许 Java

应用程序连接到 SQL Server 数据库,提供了对 SQL Server 数据库的访问,包括表值参数、加密连接、批量操作等,驱动程序的 JAR 文件通常是 mssql-jdbc-x.x.x.jar。

每种数据库系统的 JDBC 驱动程序都有其特定的 JAR 文件名和版本号,可以从数据库供应商的官方网站上下载这些驱动程序。在选择和使用 JDBC 驱动程序时,需要确保选择与使用的数据库版本和 Java 版本兼容的驱动程序。

使用本地纯 JDBC 对数据库进行管理时,Java 应用程序编程分以下 6 步。

(1) 加载数据库驱动

通过调用 Class.forName(String driverName)方法在应用程序中加载数据库驱动,需要传入对应数据库的驱动类名。例如,对于 MySQL 数据库,可以使用 Class.forName("com.mysql.cj.jdbc.Driver")来加载驱动。

(2) 建立数据库连接

使用 DriverManager.getConnection()方法建立与数据库的连接,这个方法需要传入数据库的 URL、用户名和密码作为参数。例如,连接本地 MySQL 数据库使用 URLDriverManager.getConnection(url, user, password)。

(3) 创建 Statement 对象

通过(2)获得的连接对象(Connection)创建 Statement 对象,该对象执行 SQL 语句并返回结果,使用 Connection.createStatement()方法创建 Statement 对象。

(4) 执行 SQL 语句

使用 Statement 对象执行 SQL 语句。如果是查询,使用 executeQuery()方法;如果是更新(如 INSERT、UPDATE、DELETE),使用 executeUpdate()方法。

(5) 处理结果集

如果执行的是查询语句,executeQuery()方法将返回一个 ResultSet 对象,该对象包含了查询结果,可以通过 ResultSet 对象的各种方法(如 next()、getString()、getInt()等)来遍历和处理这些数据。

(6) 关闭连接和释放资源

完成数据库操作后,使用 close()方法关闭 ResultSet、Statement 和 Connection 对象,释放数据库资源。

假设本地数据库系统是 MySQL,建立了数据库 mydatabase,用户名 username,密码 password,以下代码实现了 Java 应用程序对数据库的查询操作。

```java
import java.sql.*;
public class JdbcExample {
    public static void main(String[] args) {
        String url = "jdbc:mysql://localhost:3306/mydatabase";
        String user = "username";
        String password = "password";

        try {
            //加载驱动
            Class.forName("com.mysql.cj.jdbc.Driver");    //第1步,加载数据库驱动

            //第2步,建立连接
```

```
        Connection connection = DriverManager.getConnection(url, user, password);

        //第 3 步, 创建 Statement 对象
        Statement statement = connection.createStatement();

        //第 4 步, 执行 SQL 语句
        String sql = "SELECT * FROM mytable";
        ResultSet resultSet = statement.executeQuery(sql);

        //第 5 步,处理结果集
        while (resultSet.next()) {
            String data = resultSet.getString("mycolumn");
            System.out.println(data);
        }
        //第 6 步,关闭连接和释放资源
        resultSet.close();
        statement.close();
        connection.close();
    } catch (Exception e) {
        e.printStackTrace();
    }
    }
}
```

8.2　实　践　目　的

通过该项目实践,加深读者对 JDBC 编程原理、优点以及 JDBC 核心 API 的类(DriverManager)和接口(Driver、Connection、Statement、PreparedStatement、ResultSet)等知识的理解,使读者掌握 JDBC 编程的基本步骤和方法,培养读者对基于数据库系统的应用需求进行分析,构建符合数据库特征的对象模型,选择合适的数据库驱动程序,设计能满足用户数据管理需求、性能良好的应用程序的能力。

8.3　实　践　范　例

1. 范例描述

湿地与森林、海洋并称全球三大生态系统,具有多种重要作用,具体包括: ①维持生态平衡,湿地既是陆地上的天然蓄水库,又是众多野生动植物特别是水禽生长的乐园,在保护生物多样性和生态平衡方面发挥着重要作用; ②保持生物多样性和珍稀物种资源,湿地是许多珍稀濒危野生动植物的集中分布区,是生物多样性丰富的重要地区和生态系统类型的代表; ③涵养水源、蓄洪防旱,湿地是蓄水防洪的天然"海绵",在时空上可分配不均的降水,通过自身的吞吐调节避免水旱灾害; ④降解污染,湿地能够降解污染,当受到污染时,湿地水体中部分或全部污染物可通过物理沉降、化学分解、微生物分解、植物吸收或降解转化等途径被去除; ⑤调节气候,湿地水分通过蒸发成为水蒸气,然后以降水的形式降到周围地

区,保持当地的湿度和降雨量,影响当地人民的生活和工农业生产。

设计一个湿地基本信息管理系统,完成湿地基本信息的 CRUD 任务。该系统要求如下。

(1) 湿地基本信息包括湿地名称、湿地位置、湿地类型、湿地面积、生态价值评级、保护级别、物种多样性、湿地描述等,使用 MySQL 作为数据库服务器保存湿地基本信息,至少需要 10 条记录。

(2) 使用 GUI 完成湿地基本信息的管理,包括导入、增加、删除、修改、查询、导出到 Excel 文件功能。湿地基本信息管理系统主界面如图 8-1 所示。

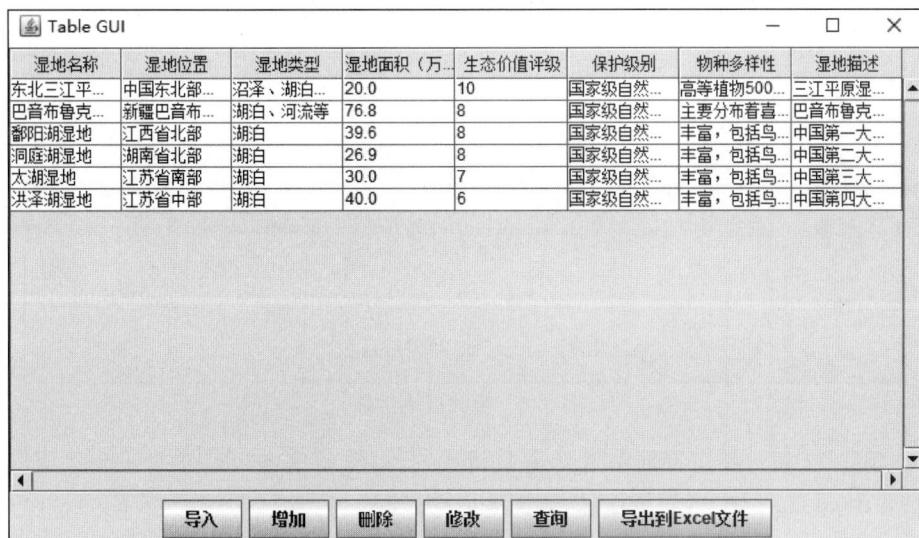

图 8-1　湿地基本信息管理系统主界面

具体要求如下。

① "导入"按钮。打开选择文件对话框,选择符合湿地基本信息表 wetland_basic 的格式要求的 Excel 文件,并把 Excel 文件导入 wetland_basic 表,在主界面的 JTable 组件中展示,如图 8-2 所示。

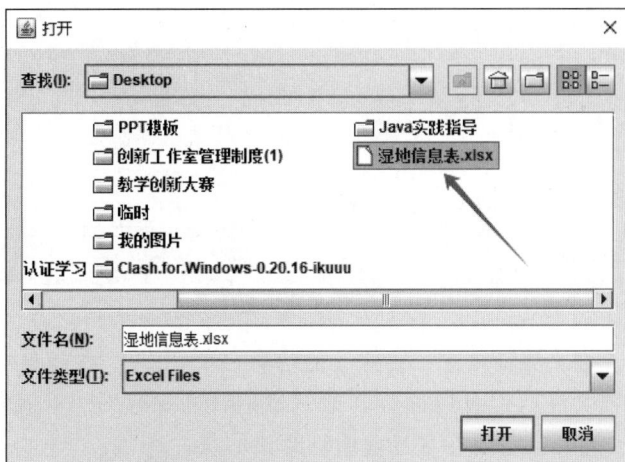

图 8-2　导入 Excel 信息

② "增加"按钮。单击"增加"按钮，打开增加湿地信息窗口，如图 8-3 所示，在文本框中输入湿地信息，单击"保存"按钮，湿地信息保存在表 wetland_basic，同时主界面的 JTable 组件中的湿地信息作一致性改变。

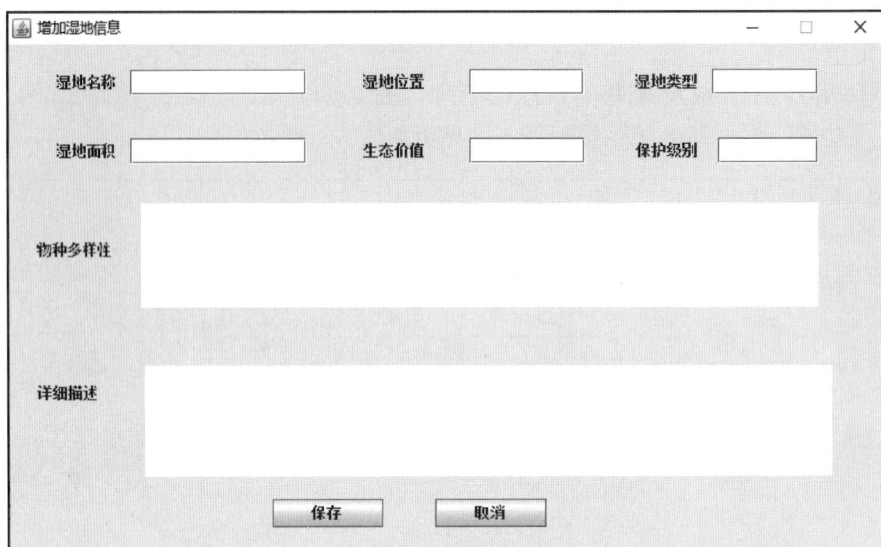

图 8-3　增加湿地信息

③ "删除"按钮。在主界面中选择需要删除的行，然后单击"删除"按钮删除该信息，同时在表 wetland_basic 中删除该信息，如图 8-4 所示。

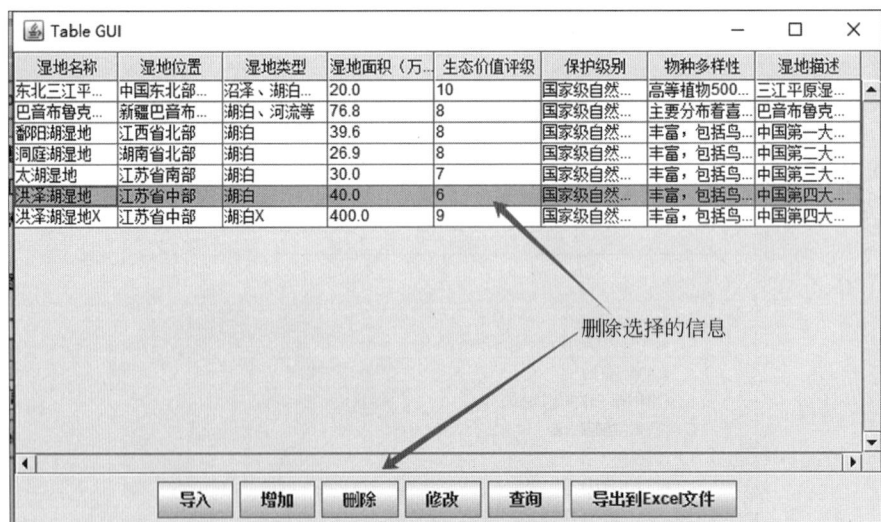

图 8-4　删除选择的湿地信息

④ "修改"按钮。在主界面中选择要修改的信息，单击"修改"按钮显示修改窗口如图 8-5 所示，不能修改"湿地名称"，但可以修改其他信息，单击"保存"按钮，该信息在表 wetland_basic 中作相应修改，同时也需要在主界面中修改该信息。

⑤ "查询"按钮。单击"查询"按钮，弹出模糊查询窗口如图 8-6 所示，输入查询关键字，在表 wetland_basic 的所有字段中进行模糊匹配。

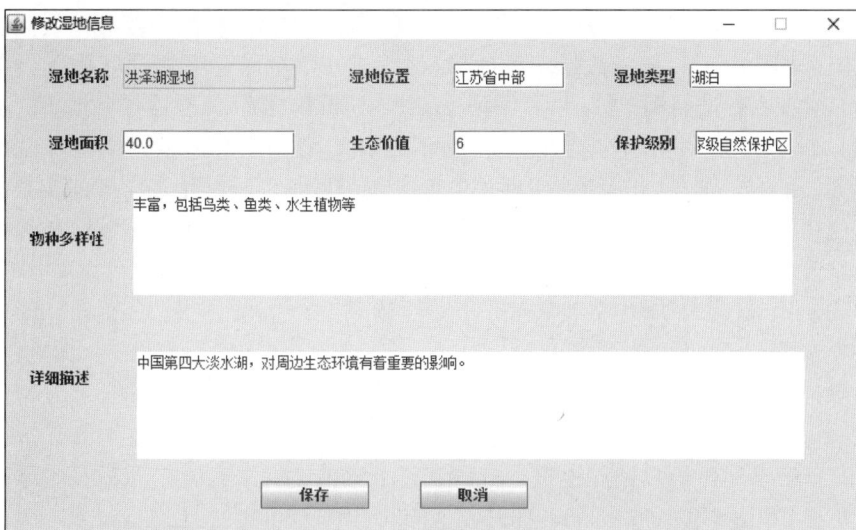

图 8-5　修改湿地信息

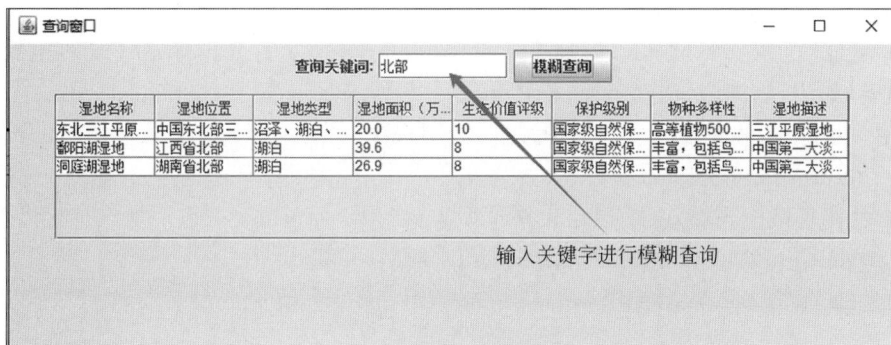

图 8-6　查询湿地信息

⑥ "导出到 Excel 文件"按钮。单击"导出到 Excel 文件"按钮,把表 wetland_basic 的所有湿地信息导出到指定的 Excel 文件,如图 8-7 所示。

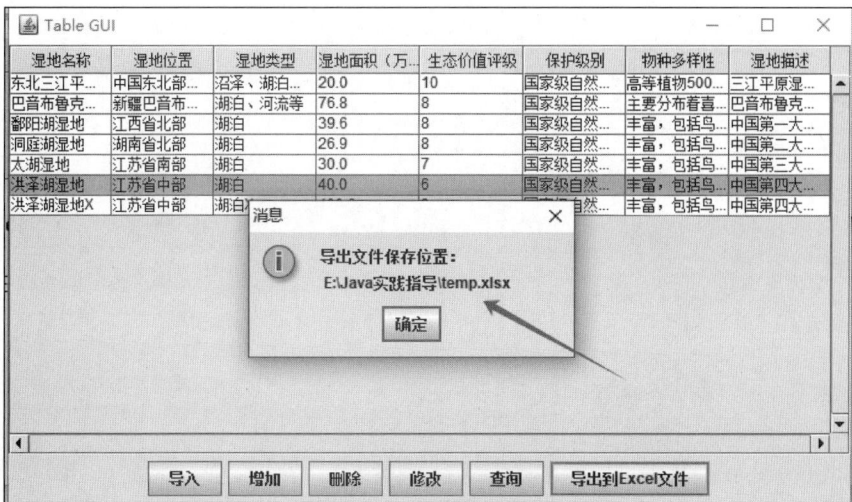

图 8-7　导出湿地信息

2. 范例分析

本系统采用 MySQL 作为数据库服务器,使用 JDBC 对保存在数据库服务器的湿地信息表 wetland_basic 进行管理。为了保证系统与不同数据库服务器进行通信,系统使用 Properties 属性文件保存连接数据库服务的配置信息,启动系统时根据需要加载配置了该数据库服务器的属性文件。系统使用阿里巴巴集团的数据库连接池 Druid 连接数据库服务器。系统使用 PreparedStatement 接口执行 SQL 语句,提高灵活性、安全性和性能。在增加、删除、修改、查询时,要保证主界面的 JTable 组件与表 wetland_basic 中数据的一致性。系统还需要使用 Apache POI 实现从 Excel 文件读取湿地信息、把表 wetland_basic 中的数据导出保存在 Excel 文件。

为了保证该应用程序正常运行,需要下载如下.jar 包并在项目中加载(采用 Maven 开发需要配置 pom.xml 文件),保证各开发包版本的互相支持性。

(1) 阿里巴巴集团的数据库连接池开发工具 druid-1.2.9.jar。

(2) 处理 Office 文件的 Apache POI 工具 poi-bin-5.0.0-20210120.jar。

(3) MySQL 的 JDBC 工具 mysql-connector-java-5.1.44-bin.jar。

本系统的具体设计类如下。

(1) 湿地信息类 Wetland,属性成员包括 name(湿地名称)、location(湿地位置)、type(湿地类型,如沼泽、湖泊、河流等)、area(double 类型,湿地面积)、ecologicalValue(int 类型,生态价值评级)、protectionLevel(保护级别,如国家级、省级、市级等)、speciesDiversity(物种多样性)、description(湿地描述)。

(2) 设计表格模式类,继承抽象表格模型类,使用 ArrayList 构造湿地表格模型:public class WetlandTableModel extends AbstractTableModel{}。

(3) 数据库实用工具类 DBManagementUtil。该类主要完成与数据库有关操作,结构如下。

```
//数据库管理工具类
/*
 * 1.需要下载阿里巴巴集团的 Druid,并配置 E:\\Java 实践指导\\druid-1.2.9.jar
 * 2.需要下载 MySQL 的 JDBC 驱动,并配置 D:\\program files\\java
 * 3.注意 Properties 文件中 Key-Value 的空格
 * 4.需要下载 Apache POI 操作 Office 文件:poi-5.2.5.jar
 */
public class DBManagementUtil {
    private static DruidDataSource druidDataSource = new DruidDataSource();
                                        //获得 Druid 的数据源
    private static Properties dbProperties;    //属性文件,保存数据库服务器配置信息
    public static java.sql.Connection conn;
    //设置属性文件
     public static void setDBProperties (String dbPropertiesFileName) throws
IOException {}
    //属性文件保存连接配置信息,通过该文件获得连接
    public static Connection getConnection(String dbPropertiesFileName){}
    //把元素为 Wetland 的 ArrayList 集合转换到 wims 数据库中的基本表 wetland_basic
    public static void fromWetlandListToDB(ArrayList<Wetland> wetlandList){  }
    //把一个 Wetland 对象转换到 wims 数据库中的基本表 wetland_basic
```

```java
public static void fromWetlandToDB(Wetland wetland) {}
//从 wetland_basic 表中根据湿地名称删除记录
public static void deleteWetlandFromDB(String wetlandName){   }
//把结果集转换成 ArrayList 集合
public static List<Wetland> resultSetToList(ResultSet resultSet) throws
SQLException {   }
    private DBManagementUtil() {}              //私有化构造方法,防止实例化
}
```

（4）主要实用工具类 MainUtil。该类提供一些实用工具,用于如 Excel 文件与 List 之间的转换等,具体结构如下。

```java
//工具类
public class MainUtil {
static ResultSet rs = null;
//从 Excel 文件中读取所有湿地信息,保存在 List 集合中
public static List<Wetland> readExcelFile(String filePath) {   }
//选择 Excel 文件,返回文件绝对路径信息
public static String selectExcelFile() {   }
//把 Wetland 的 ArrayList 集合转换成 Excel 文件
public static void convertWetlandsToExcel(ArrayList<Wetland> wetlands, String
outputFilePath) { }
//convertWetlandsToExcel 方法中,设置 Excel 的表头
private static void setHeaderCells(Row row, String... headers) {      }
//convertWetlandsToExcel 方法中,设置每个单元格的值
private static void setCellValue(Row row, int columnIndex, Object value) {    }
    }
```

Druid 由阿里巴巴集团的数据库团队开发,是一个开源的数据库连接池和 SQL 解析器,它提供了高效、功能强大且可扩展的数据库连接池解决方案,同时内置了强大的监控功能。

需要设计数据库管理工具类 DBManagementUtil,其负责管理应用程序与数据库服务器的连接、查询、数据转换等任务。

（5）设计主界面 MainFrame,如图 8-1 所示。

（6）设计"增加"窗口 AddFrame,如图 8-3 所示。

（7）设计"修改"窗口 UpdateFrame,如图 8-5 所示。

（8）设计"查询"窗口 QueryFrame,如图 8-6 所示。

（9）设计保存湿地信息的 Excel 文件,如图 8-8 所示。

A 湿地名称	B 湿地位置	C 湿地类型	D 湿地面积（万公顷）	E 生态价值评级	F 保护级别	G 物种多样性	H 湿地描述
东北三江平原湿地	中国东北部三江平原地区	沼泽、湖泊、河流等	20	10	国家级自然保护区	高等植物500多种,鲁类100多种,鸟类300多种,鱼类80多种	三江平原湿地是中国最大的一块湿地,是东北亚最大的鸟类、鱼类、两栖类动物繁殖栖息地
巴音布鲁克湿地	新疆巴音布鲁克草原上	湖泊、河流等	76.8	8	国家级自然保护区	主要分布着喜湿的高等植物349种、野生动物40余种,其中天鹅国家级保护区主要保护对象	巴音布鲁克湿地位于天山南麓,由大小尤鲁都斯两个高位山间盆地和山区丘陵草场组成,平均海拔约2500米,总面积约2.3万
鄱阳湖湿地	江西省北部	湖泊	39.6	8	国家级自然保护区	丰富,包括鸟类、鱼类、水生植物等	中国第一大淡水湖,拥有广阔的湖泊湿地和丰富的生物多样性

图 8-8　湿地信息 Excel 文件结构

（10）在 MySQL 数据库服务器中建立数据库 wims，在该数据库中建立湿地信息表，如图 8-9 所示，为了简化处理，没有设置主键和索引。

Table Name:	wetland_basic									Schema:	wims
Column Name	Datatype	PK	NN	UQ	B	UN	ZF	AI	G	Default/Expression	
name	VARCHAR(30)									NULL	
location	VARCHAR(45)									NULL	
type	VARCHAR(20)									NULL	
area	DOUBLE									NULL	
ecologicalValue	INT(11)									NULL	
protectionLevel	VARCHAR(10)									NULL	
speciesDiversity	VARCHAR(1000)									NULL	
description	VARCHAR(400)									NULL	

图 8-9　数据库 wims 的字段信息

3. 范例代码

湿地基本信息管理主要类如图 8-10 所示，WetlandSystemMain.java 是系统入口类，运行该类首先要求选择一个湿地信息的 Excel 文件，选择需要导入的湿地信息文件，然后显示主界面如图 8-1 所示。

图 8-10　湿地基本信息管理系统的类结构

```java
//设计湿地类
public class Wetland {
    private String name;                    //湿地名称
    private String location;                //湿地位置
    private String type;                    //湿地类型(如沼泽、湖泊、河流等)
    private double area;                    //湿地面积
    private int ecologicalValue;            //生态价值评级
    private String protectionLevel;         //保护级别(如国家级、省级、市级等)
    private String speciesDiversity;        //物种多样性
    private String description;             //湿地描述

    //构造方法
    public Wetland() {
        super();
    }
    public Wetland(String name, String location, String type, double area, int
ecologicalValue, String protectionLevel, String speciesDiversity, String
description) {
```

```java
        this.name = name;
        this.location = location;
        this.type = type;
        this.area = area;
        this.ecologicalValue = ecologicalValue;
        this.protectionLevel = protectionLevel;
        this.speciesDiversity = speciesDiversity;
        this.description = description;
    }

//省略 Setter 和 Getter 方法
    //更新湿地面积
    public void updateArea(double newArea) {
        this.area = newArea;
    }
    //更新物种多样性
    public void updateSpeciesDiversity(String newSpeciesDiversity) {
        this.speciesDiversity = newSpeciesDiversity;
    }
    //评估生态价值(这是一个示例方法,具体评估逻辑需要根据实际情况编写)
    public void assessEcologicalValue() {
        //根据湿地的面积、物种多样性等因素评估生态价值
        //这里只是一个简单的示例,实际情况可能更复杂
      //  this.ecologicalValue = (int) (this.area * this.speciesDiversity);
    }

    //其他可能的行为,如更新保护级别、添加湿地图片、记录访客信息等

    //toString()方法
    @Override
    public String toString() {
        return "湿地信息{" +
                "name='" + name + '\'' +
                ", location='" + location + '\'' +
                ", type='" + type + '\'' +
                ", area=" + area +
                ", ecologicalValue=" + ecologicalValue +
                ", protectionLevel='" + protectionLevel + '\'' +
                ", speciesDiversity=" + speciesDiversity +
                ", description='" + description + '\'' +
                '}';
    }
}


import java.util.ArrayList;
import javax.swing.table.AbstractTableModel;
//设计表格模式类,继承抽象表格模型类,使用 ArrayList 构造湿地表格模型
public class WetlandTableModel extends AbstractTableModel {
    private ArrayList<Wetland> wetlandList;
```

```java
    private String[] columnNames = {"湿地名称","湿地位置","湿地类型","湿地面积(万
公顷)","生态价值评级","保护级别","物种多样性","湿地描述"};
    public WetlandTableModel(ArrayList<Wetland> wetlandList) {
        this.wetlandList = wetlandList;
    }

    @Override
    public int getRowCount() {
        return wetlandList.size();
    }

    @Override
    public int getColumnCount() {
        return columnNames.length;
    }

    @Override
    public String getColumnName(int columnIndex) {
        return columnNames[columnIndex];
    }

    @Override
    public Object getValueAt(int rowIndex, int columnIndex) {
        Wetland wetland= wetlandList.get(rowIndex);
        switch (columnIndex) {
            case 0:
                return wetland.getName();
            case 1:
                return wetland.getLocation();
            case 2:
                return wetland.getType();
            case 3:
                return wetland.getArea();
            case 4:
                return wetland.getEcologicalValue();
            case 5:
                return wetland.getProtectionLevel();
            case 6:
                return wetland.getSpeciesDiversity();
            case 7:
                return wetland.getDescription();

            default:
                return null;
        }
    }
}


import javax.swing.*;
```

```java
import javax.swing.table.DefaultTableModel;
import javax.swing.*;
import javax.swing.table.DefaultTableModel;
import javax.swing.*;
import javax.swing.table.DefaultTableModel;
import java.awt.BorderLayout;
import java.awt.Component;
import java.awt.Dimension;
import java.awt.FlowLayout;
import java.awt.Rectangle;
import java.awt.Toolkit;
import java.awt.event.ActionEvent;
import java.awt.event.ActionListener;
import java.io.File;
import java.sql.Connection;
import java.sql.PreparedStatement;
import java.sql.SQLException;
import java.util.ArrayList;
import java.util.Iterator;
import java.util.List;

//主界面
public class MainFrame {
    JFrame frame = new JFrame("湿地基本信息管理系统");        //主窗口
    static ArrayList<Wetland> wetlandList;                 //保存湿地信息的 List 表
    static WetlandTableModel wtm = null;                   //湿地信息表的模型
    static JTable table = null;
    static java.sql.Connection conn;                      //与数据库的连接
    //创建滚动面板并将表格添加到其中
    JScrollPane scrollPane = null;
    //创建按钮面板
    JPanel buttonPanel = new JPanel();

    //添加按钮并设置监听器
    JButton importButton = new JButton("导入");
    JButton addButton = new JButton("增加");
    JButton deleteButton = new JButton("删除");
    JButton updateButton = new JButton("修改");
    JButton searchButton = new JButton("查询");
    JButton exportButton = new JButton("导出到 Excel 文件");
    String excelFileName;                          //需要导入数据库的 Excel 文件名

    public MainFrame(String propertiesFileName) throws SQLException {
        //启动系统,首先要获得与数据库系统的连接
        DBManagementUtil.conn = DBManagementUtil
            .getConnection(propertiesFileName);
                                   //根据属性文件获得与数据库系统的连接
        this.clearWetland_basic();      //删除 wims 中表 wetland_basic 的所有记录
        //启动系统,默认导入一个湿地信息文件到主界面
```

```java
            wetlandList = (ArrayList<Wetland>) MainUtil.readExcelFile(MainUtil
                    .selectExcelFile());
            //启动系统,主界面中的湿地信息表需要保存在数据库表中
            DBManagementUtil.fromWetlandListToDB(wetlandList);
            //启动系统,初始化主界面表格数据
            wtm = new WetlandTableModel(wetlandList);
            table = new JTable(wtm);
            scrollPane = new JScrollPane(table);

            //创建窗口
            frame.setDefaultCloseOperation(JFrame.EXIT_ON_CLOSE);
            frame.setSize(700, 400);
            frame.setLocationRelativeTo(null);
            //创建滚动面板并将表格添加到其中
            //JScrollPane scrollPane = new JScrollPane(table);
            scrollPane
                    .setHorizontalScrollBarPolicy(JScrollPane.HORIZONTAL_SCROLLBAR_
ALWAYS);
            scrollPane
                    .setVerticalScrollBarPolicy(JScrollPane.VERTICAL_SCROLLBAR_
ALWAYS);
            //初始化系统时,获得 Excel 文件中的所有湿地信息:保存在 List
            buttonPanel.setLayout(new FlowLayout(FlowLayout.CENTER));
                                                            //使用流式布局居中
            importButton.addActionListener(new ActionListener() { //导入按钮
                    @Override
                    public void actionPerformed(ActionEvent e) {
                        ArrayList<Wetland> wetlandListTemp = (ArrayList<Wetland>)
MainUtil
                                .readExcelFile(MainUtil.selectExcelFile());
                                        //获得 Excel 文件中的所有湿地信息:保存在 List

                        wetlandList.addAll(wetlandListTemp);
                        MainUtil.showList(wetlandList);
                        System.out.println("------------------");
                        wtm.fireTableDataChanged();
                                        //通知 TableModel,关联数据已修改
                        scrollPane.repaint(); //重新绘制滚动面板,刷新界面
                        //把新增加的数据保存到数据库表中
                        DBManagementUtil.fromWetlandListToDB(wetlandListTemp);
                        //MainUtil.showList(wetlandList);
                    }
            });
            buttonPanel.add(importButton);          //"增加"按钮
            addButton.addActionListener(new ActionListener() {    //单击"增加"按钮
                    @Override
                    public void actionPerformed(ActionEvent e) {
                        new AddFrame();
                    }
            });
```

```java
        buttonPanel.add(addButton);
        //单击"删除"按钮,需要保持 wetlandList、wims 的 wetland_basic、主界面的 JTable
        //一致
        deleteButton.addActionListener(new ActionListener() {  //单击"删除"按钮
                @Override
                public void actionPerformed(ActionEvent e) {
                    //获得 JTable 中的选择行的第 1 列(索引为 0)
                    String wetName=(String) table.getValueAt(table.getSelectedRow
(), 0);

                    Iterator it=wetlandList.iterator();
                    while(it.hasNext()){
                        Wetland wetland=(Wetland) it.next();
                        //如果选中表格的湿地名称与 wetlandList 的湿地名称一样,删
                        //除该元素
                        if(wetland.getName().equalsIgnoreCase(wetName))
                            it.remove();
                    }
                    wtm.fireTableDataChanged();
                            //更改 WetlandTableModel 模型,主界面的 JTabel 一致
                    //删除 wims 的 wetland_basic 表的数据
                    DBManagementUtil.deleteWetlandFromDB(wetName);
                }
        });
        buttonPanel.add(deleteButton);
        updateButton.addActionListener(new ActionListener() {  //单击"修改"按钮
                @Override
                public void actionPerformed(ActionEvent e) {
                    Wetland wetlandUpdate=new Wetland();
                                                //需要修改的 Wetland 对象
                    wetlandUpdate.setName((String) table.getValueAt(table.
getSelectedRow(), 0));
                    wetlandUpdate.setLocation((String) table.getValueAt
(table.getSelectedRow(), 1));
                    wetlandUpdate.setType((String) table.getValueAt(table.
getSelectedRow(), 2));
                    wetlandUpdate.setArea((Double)table.getValueAt(table.
getSelectedRow(), 3));
                    wetlandUpdate.setEcologicalValue((Integer) table.
getValueAt(table.getSelectedRow(), 4));
                    wetlandUpdate.setProtectionLevel((String) table.
getValueAt(table.getSelectedRow(), 5));
                    wetlandUpdate.setSpeciesDiversity((String) table.
getValueAt(table.getSelectedRow(), 6));
                    wetlandUpdate.setDescription((String) table.getValueAt
(table.getSelectedRow(), 7));

                    //     System.out.println(wetlandUpdate);

                    new UpdateFrame(wetlandUpdate);
                }
```

```
            });
        buttonPanel.add(updateButton);
        searchButton.addActionListener(new ActionListener() {    //单击"删除"按钮
                @Override
                public void actionPerformed(ActionEvent e) {
                    new QueryFrame();
                }
            });
        buttonPanel.add(searchButton);

        buttonPanel.add(exportButton);                                //导出按钮
        exportButton.addActionListener(new ActionListener(){

            @Override
            public void actionPerformed(ActionEvent e) {
                MainUtil.convertWetlandsToExcel(wetlandList, "E:\\Java 实践指导
\\temp.xlsx");
                JOptionPane.showMessageDialog(frame, "导出文件保存位置:\n E:\\
Java 实践指导\\temp.xlsx");
            }
        });
        //将滚动面板和按钮面板添加到窗口中
        frame.add(scrollPane, BorderLayout.CENTER);
        frame.add(buttonPanel, BorderLayout.SOUTH);

        //显示窗口
        frame.setVisible(true);
    }
    //启动系统时,删除 wims 中表 wetland_basic 的所有记录
    private void clearWetland_basic(){
        String sql="DELETE FROM WIMS.wetland_basic";
        try {
            PreparedStatement ps=DBManagementUtil.conn.prepareStatement(sql);
            ps.executeUpdate();
        } catch (SQLException e) {
            //TODO Auto-generated catch block
            e.printStackTrace();
        }
    }
    public WetlandTableModel getWtm() {
        return wtm;
    }

    public void setWtm(WetlandTableModel wtm) {
        this.wtm = wtm;
    }

    public JTable getTable() {
        return table;
    }
```

```java
    public void setTable(JTable table) {
        this.table = table;
    }

    public java.sql.Connection getConn() {
        return conn;
    }

    public void setConn(java.sql.Connection conn) {
        this.conn = conn;
    }
}


import java.awt.BorderLayout;
import java.awt.Dimension;
import java.awt.EventQueue;
import java.awt.Toolkit;
import java.awt.event.ActionEvent;
import java.awt.event.ActionListener;
import java.sql.PreparedStatement;
import java.sql.SQLException;
import javax.swing.JFrame;
import javax.swing.JPanel;
import javax.swing.border.EmptyBorder;
import javax.swing.JLabel;
import javax.swing.JTextField;
import javax.swing.JTextArea;
import javax.swing.JTextPane;
import javax.swing.JButton;
//单击"增加"按钮,弹出该界面
public class AddFrame extends JFrame {
    private JPanel contentPane;
    private JTextField textFieldName;
    private JTextField textFieldLocation;
    private JTextField textFieldType;
    private JTextField textFieldArea;
    private JTextField textFieldEcologicalValue;
    private JTextField textFieldProtectionLevel;

    /**
     * Launch the application.
     */
    /*
    public static void main(String[] args) {
        EventQueue.invokeLater(new Runnable() {
            public void run() {
                try {
                    AddFrame frame = new AddFrame();
```

```
                            frame.setVisible(true);
                    } catch (Exception e) {
                        e.printStackTrace();
                    }
                }
            });
        }
 */
    /**
     * Create the frame.
     */
    public AddFrame() {
        this.setTitle("增加湿地信息");
        this.setResizable(false);                    //不能改变该窗体大小

//      setDefaultCloseOperation(JFrame.EXIT_ON_CLOSE);
        setBounds(100, 100, 746, 444);
        contentPane = new JPanel();
        contentPane.setBorder(new EmptyBorder(5, 5, 5, 5));
        setContentPane(contentPane);
        contentPane.setLayout(null);

        JLabel label = new JLabel("\u6E7F\u5730\u540D\u79F0");
        label.setBounds(40, 24, 54, 15);
        contentPane.add(label);

        textFieldName = new JTextField();
        textFieldName.setBounds(104, 21, 149, 21);
        contentPane.add(textFieldName);
        textFieldName.setColumns(10);

        JLabel label_1 = new JLabel("\u6E7F\u5730\u4F4D\u7F6E");
        label_1.setBounds(300, 24, 54, 15);
        contentPane.add(label_1);

        textFieldLocation = new JTextField();
        textFieldLocation.setBounds(389, 21, 96, 21);
        contentPane.add(textFieldLocation);
        textFieldLocation.setColumns(10);

        JLabel label_2 = new JLabel("\u6E7F\u5730\u7C7B\u578B");
        label_2.setBounds(528, 24, 54, 15);
        contentPane.add(label_2);

        textFieldType = new JTextField();
        textFieldType.setBounds(592, 21, 89, 21);
        contentPane.add(textFieldType);
        textFieldType.setColumns(10);

        JLabel label_3 = new JLabel("\u6E7F\u5730\u9762\u79EF");
```

```java
        label_3.setBounds(40, 80, 54, 15);
        contentPane.add(label_3);

        textFieldArea = new JTextField();
        textFieldArea.setBounds(104, 77, 149, 21);
        contentPane.add(textFieldArea);
        textFieldArea.setColumns(10);

        JLabel label_4 = new JLabel("\u751F\u6001\u4EF7\u503C");
        label_4.setBounds(300, 80, 54, 15);
        contentPane.add(label_4);

        textFieldEcologicalValue = new JTextField();
        textFieldEcologicalValue.setBounds(389, 77, 97, 21);
        contentPane.add(textFieldEcologicalValue);
        textFieldEcologicalValue.setColumns(10);

        JLabel label_5 = new JLabel("\u4FDD\u62A4\u7EA7\u522B");
        label_5.setBounds(528, 80, 54, 15);
        contentPane.add(label_5);

        textFieldProtectionLevel = new JTextField();
        textFieldProtectionLevel.setBounds(597, 77, 84, 21);
        contentPane.add(textFieldProtectionLevel);
        textFieldProtectionLevel.setColumns(10);

        JLabel label_6 = new JLabel("\u7269\u79CD\u591A\u6837\u6027");
        label_6.setBounds(23, 161, 71, 15);
        contentPane.add(label_6);

        JTextArea textAreaSpeciesDiversity = new JTextArea();
        textAreaSpeciesDiversity.setBounds(113, 130, 568, 85);
        contentPane.add(textAreaSpeciesDiversity);

        JLabel label_7 = new JLabel("\u8BE6\u7EC6\u63CF\u8FF0");
        label_7.setBounds(23, 278, 54, 15);
        contentPane.add(label_7);

        JTextArea textAreaDescription = new JTextArea();
        textAreaDescription.setBounds(116, 263, 576, 90);
        contentPane.add(textAreaDescription);

        JButton buttonSave = new JButton("\u4FDD\u5B58");
        buttonSave.setBounds(223, 372, 93, 23);
        contentPane.add(buttonSave);
        //单击"保存"按钮
        buttonSave.addActionListener(new ActionListener() {

            @Override
            public void actionPerformed(ActionEvent e) {
```

```
                Wetland wetland=new Wetland();
                wetland.setName(textFieldName.getText());
                wetland.setLocation(textFieldLocation.getText());
                wetland.setType(textFieldType.getText());
                wetland.setArea(Double.valueOf(textFieldArea.getText()));
                wetland.setEcologicalValue(Integer.valueOf(textFieldEcologicalValue.
getText()));
                wetland.setProtectionLevel(textFieldProtectionLevel.getText());
                wetland.setSpeciesDiversity(textAreaSpeciesDiversity.getText());
                wetland.setDescription(textAreaDescription.getText());
                DBManagementUtil.fromWetlandToDB(wetland);
                        //把一个 Wetland 对象插入 wims 数据库的 wetland_basic 表

                MainFrame.wetlandList.add(wetland);
                        //更新 wetlandList 表,与 JTable 关联
                MainFrame.wtm.fireTableDataChanged();
                        //更新 WetlandTableModel,通过该模型关联的数据已经更改
                AddFrame.this.setVisible(false);


            }
        });



        JButton buttonCancel = new JButton("\u53D6\u6D88");
        buttonCancel.setBounds(360, 372, 93, 23);
        contentPane.add(buttonCancel);
        //单击"取消"按钮
        buttonCancel.addActionListener(new ActionListener(){
            @Override
            public void actionPerformed(ActionEvent e) {
                AddFrame.this.setVisible(false);
            }
        });
        centerFrame();      //调用使 JFrame 居中的方法
        this.setVisible(true);
    }
    //使 JFrame 居中显示的方法
    private void centerFrame() {
        Dimension screenSize = Toolkit.getDefaultToolkit().getScreenSize();
        Dimension frameSize = getSize();
        if (frameSize.height > screenSize.height) {
            frameSize.height = screenSize.height;
        }
        if (frameSize.width > screenSize.width) {
            frameSize.width = screenSize.width;
        }
        setLocation((screenSize.width - frameSize.width) / 2,
                (screenSize.height - frameSize.height) / 2);
    }
}
```

```java
import javax.swing.*;
import java.awt.*;
import java.awt.event.ActionEvent;
import java.awt.event.ActionListener;
import java.sql.PreparedStatement;
import java.sql.ResultSet;
import java.sql.SQLException;
import java.util.ArrayList;
public class QueryFrame {                          //查询界面
    private JFrame frame;
    private JPanel panelTop, panelBottom;
    private JLabel label;
    private JTextField textFieldSearchTerm;
    private JButton buttonQuery;
    private ArrayList<Wetland> wetlandListQuery=new ArrayList<>();
                                          //初始,集合为空
WetlandTableModel wtm=new WetlandTableModel(wetlandListQuery);
    private JTable table=new JTable(wtm);
    public  QueryFrame() {
        frame = new JFrame("查询窗口");
     //  frame.setDefaultCloseOperation(JFrame.EXIT_ON_CLOSE);
        frame.setSize(800, 300);

        panelTop = new JPanel();
        panelTop.setLayout(new FlowLayout());

        label = new JLabel("查询关键词:");
        textFieldSearchTerm = new JTextField(10);
        buttonQuery = new JButton("模糊查询");

        panelTop.add(label);
        panelTop.add(textFieldSearchTerm);
        panelTop.add(buttonQuery);
        table.setPreferredScrollableViewportSize(new Dimension(700, 100));
        panelBottom = new JPanel();
        panelBottom.add(new JScrollPane(table));

        frame.getContentPane().add(panelTop, BorderLayout.NORTH);
        frame.getContentPane().add(panelBottom, BorderLayout.CENTER);
        //单击"模糊查询"按钮
        buttonQuery.addActionListener(new ActionListener(){

            @Override
            public void actionPerformed(ActionEvent e) {
                //准备 SQL 语句
                PreparedStatement ps = null;
                ResultSet rs=null;
                try {
```

```java
                     String searchTerm = "%"+textFieldSearchTerm.getText()+"%";
                                    //这里是需要搜索的关键词,包括通配符
                     String sql="SELECT * FROM wims.wetland_basic where CONCAT
(name, location, type, area, ecologicalValue, protectionLevel, speciesDiversity,
description) like ? ";

                     ps=DBManagementUtil.conn.prepareStatement(sql);

                     ps.setString(1, searchTerm);

                     rs=ps.executeQuery();
                     wetlandListQuery.clear();//清楚查询结果集合
                     ArrayList<Wetland> listTemp=(ArrayList<Wetland>)
DBManagementUtil.resultSetToList(rs);
                     for(Wetland wet:listTemp){
                         wetlandListQuery.add(wet);
                     }
                     wtm.fireTableDataChanged();;

                } catch (SQLException e1) {
                    //TODO Auto-generated catch block
                    e1.printStackTrace();
                }
            }

        });

        frame.setVisible(true);
    }
  /*
  public static void main(String[] args) {
      SwingUtilities.invokeLater(() -> new QueryFrameTemp());
  }
  */
}




import java.awt.BorderLayout;
import java.awt.Dimension;
import java.awt.EventQueue;
import java.awt.Toolkit;
import java.awt.event.ActionEvent;
import java.awt.event.ActionListener;
import java.sql.PreparedStatement;
import java.sql.SQLException;
import java.util.Iterator;
import javax.swing.JFrame;
import javax.swing.JPanel;
import javax.swing.border.EmptyBorder;
```

```java
import javax.swing.JLabel;
import javax.swing.JTextField;
import javax.swing.JTextArea;
import javax.swing.JTextPane;
import javax.swing.JButton;
//单击"增加"按钮,弹出该界面
public class UpdateFrame extends JFrame {
    private JPanel contentPane;
    private JTextField textFieldName;
    private JTextField textFieldLocation;
    private JTextField textFieldType;
    private JTextField textFieldArea;
    private JTextField textFieldEcologicalValue;
    private JTextField textFieldProtectionLevel;

    /**
     * Launch the application.
     */
    /*
    public static void main(String[] args) {
        EventQueue.invokeLater(new Runnable() {
            public void run() {
                try {
                    UpdateFrame frame = new UpdateFrame();
                    frame.setVisible(true);
                } catch (Exception e) {
                    e.printStackTrace();
                }
            }
        });
    }
    */
    /**
     * Create the frame.
     */
    public UpdateFrame(Wetland wetlandUpdate) {
        this.setTitle("修改湿地信息");
        this.setResizable(false);              //不能改变该窗体大小

//      setDefaultCloseOperation(JFrame.EXIT_ON_CLOSE);
        setBounds(100, 100, 746, 444);
        contentPane = new JPanel();
        contentPane.setBorder(new EmptyBorder(5, 5, 5, 5));
        setContentPane(contentPane);
        contentPane.setLayout(null);

        JLabel label = new JLabel("\u6E7F\u5730\u540D\u79F0");
        label.setBounds(40, 24, 54, 15);
        contentPane.add(label);
```

```java
        textFieldName = new JTextField();
        textFieldName.setBounds(104, 21, 149, 21);
        contentPane.add(textFieldName);
        textFieldName.setColumns(10);
//      textFieldName.setEditable(false);


        JLabel label_1 = new JLabel("\u6E7F\u5730\u4F4D\u7F6E");
        label_1.setBounds(300, 24, 54, 15);
        contentPane.add(label_1);

        textFieldLocation = new JTextField();
        textFieldLocation.setBounds(389, 21, 96, 21);
        contentPane.add(textFieldLocation);
        textFieldLocation.setColumns(10);

        JLabel label_2 = new JLabel("\u6E7F\u5730\u7C7B\u578B");
        label_2.setBounds(528, 24, 54, 15);
        contentPane.add(label_2);

        textFieldType = new JTextField();
        textFieldType.setBounds(592, 21, 89, 21);
        contentPane.add(textFieldType);
        textFieldType.setColumns(10);

        JLabel label_3 = new JLabel("\u6E7F\u5730\u9762\u79EF");
        label_3.setBounds(40, 80, 54, 15);
        contentPane.add(label_3);

        textFieldArea = new JTextField();
        textFieldArea.setBounds(104, 77, 149, 21);
        contentPane.add(textFieldArea);
        textFieldArea.setColumns(10);

        JLabel label_4 = new JLabel("\u751F\u6001\u4EF7\u503C");
        label_4.setBounds(300, 80, 54, 15);
        contentPane.add(label_4);

        textFieldEcologicalValue = new JTextField();
        textFieldEcologicalValue.setBounds(389, 77, 97, 21);
        contentPane.add(textFieldEcologicalValue);
        textFieldEcologicalValue.setColumns(10);

        JLabel label_5 = new JLabel("\u4FDD\u62A4\u7EA7\u522B");
        label_5.setBounds(528, 80, 54, 15);
        contentPane.add(label_5);

        textFieldProtectionLevel = new JTextField();
        textFieldProtectionLevel.setBounds(597, 77, 84, 21);
        contentPane.add(textFieldProtectionLevel);
```

```java
textFieldProtectionLevel.setColumns(10);

JLabel label_6 = new JLabel("\u7269\u79CD\u591A\u6837\u6027");
label_6.setBounds(23, 161, 71, 15);
contentPane.add(label_6);

JTextArea textAreaSpeciesDiversity = new JTextArea();
textAreaSpeciesDiversity.setBounds(113, 130, 568, 85);
contentPane.add(textAreaSpeciesDiversity);

JLabel label_7 = new JLabel("\u8BE6\u7EC6\u63CF\u8FF0");
label_7.setBounds(23, 278, 54, 15);
contentPane.add(label_7);

JTextArea textAreaDescription = new JTextArea();
textAreaDescription.setBounds(116, 263, 576, 90);
contentPane.add(textAreaDescription);

JButton buttonSave = new JButton("\u4FDD\u5B58");
buttonSave.setBounds(223, 372, 93, 23);
contentPane.add(buttonSave);
//单击修改界面的"保存"按钮
buttonSave.addActionListener(new ActionListener() {
    @Override
    public void actionPerformed(ActionEvent e) {
        Wetland wetlandUpdateTemp=new Wetland();

        DBManagementUtil.deleteWetlandFromDB(wetlandUpdate.getName());
                //从数据库 wims 数据库的 wetland_basic 表中删除需要修改的对象

        wetlandUpdateTemp.setName(textFieldName.getText());
        wetlandUpdateTemp.setLocation(textFieldLocation.getText());
        wetlandUpdateTemp.setType(textFieldType.getText());
        wetlandUpdateTemp.setArea(Double.valueOf(textFieldArea.getText()));
        wetlandUpdateTemp.setEcologicalValue(Integer.valueOf
(textFieldEcologicalValue.getText()));
        wetlandUpdateTemp.setProtectionLevel
(textFieldProtectionLevel.getText());
        wetlandUpdateTemp.setSpeciesDiversity
(textAreaSpeciesDiversity.getText());
        wetlandUpdateTemp.setDescription(textAreaDescription.getText());

        DBManagementUtil.fromWetlandToDB(wetlandUpdateTemp);
                //把一个 Wetland 对象插入 wims 数据库的 wetland_basic 表
        Iterator<Wetland> it=MainFrame.wetlandList.iterator();
        while(it.hasNext()){
            if(it.next().getName().equalsIgnoreCase(wetlandUpdate.
getName()))
                it.remove(); //从 wetlandList 中删除需要修改的 wetland 对象
        }
```

```
                    MainFrame.wetlandList.add(wetlandUpdateTemp);
                    //把已经修改的 wetlandUpdate 对象更新到 wetlandList 表,与 JTable 关联
                    MainFrame.wtm.fireTableDataChanged();
                    //更新 WetlandTableModel,通过该模型,关联的数据已经更改
                    UpdateFrame.this.setVisible(false);
                }
            });


            JButton buttonCancel = new JButton("\u53D6\u6D88");
            buttonCancel.setBounds(360, 372, 93, 23);
            contentPane.add(buttonCancel);
            //单击修改界面的"取消"按钮
            buttonCancel.addActionListener(new ActionListener(){
                @Override
                public void actionPerformed(ActionEvent e) {
                    UpdateFrame.this.setVisible(false);
                }
            });
            //获得 MainFrame 中选择需要修改的 wetland,并在 UpdateFrame 中设置
            textFieldName.setText(wetlandUpdate.getName());
            textFieldName.setEditable(false);            //不能修改湿地名称
            textFieldLocation.setText(wetlandUpdate.getLocation());
            textFieldType.setText(wetlandUpdate.getType());
            textFieldArea.setText(String.valueOf(wetlandUpdate.getArea()));
            textFieldEcologicalValue.setText(String.valueOf(wetlandUpdate.
    getEcologicalValue()));
            textFieldProtectionLevel.setText(wetlandUpdate.getProtectionLevel());
            textAreaSpeciesDiversity.setText(wetlandUpdate.getSpeciesDiversity());
            textAreaDescription.setText(wetlandUpdate.getDescription());


            centerFrame();                              //调用使 JFrame 居中的方法
            this.setVisible(true);
        }
        //使 JFrame 居中显示的方法
        private void centerFrame() {
            Dimension screenSize = Toolkit.getDefaultToolkit().getScreenSize();
            Dimension frameSize = getSize();
            if (frameSize.height > screenSize.height) {
                frameSize.height = screenSize.height;
            }
            if (frameSize.width > screenSize.width) {
                frameSize.width = screenSize.width;
            }
            setLocation((screenSize.width - frameSize.width) / 2,
                    (screenSize.height - frameSize.height) / 2);
        }
    }
```

```java
import java.io.FileInputStream;
import java.io.FileNotFoundException;
import java.io.IOException;
import java.io.InputStream;
import java.sql.Connection;
import java.sql.DriverManager;
import java.sql.PreparedStatement;
import java.sql.ResultSet;
import java.sql.SQLException;
import java.util.ArrayList;
import java.util.List;
import java.util.Properties;
import com.alibaba.druid.pool.DruidDataSource;
//数据库管理工具类
/*
* 1. 需要下载阿里巴巴集团的 Druid,并配置:e:\\Java 实践指导\\druid-1.2.9.jar
* 2. 需要下载 MySQL 的 JDBC 驱动,并配置:d:\\program files\\java
* 3. 注意 Properties 文件中 Key-Value 的空格
* 4. 需要下载 Apache POI,操作 Office 文件:poi-5.0.0.jar
*/
public class DBManagementUtil {
    private static DruidDataSource druidDataSource = new DruidDataSource();
                                    //获得 Druid 的数据源
    private static Properties dbProperties;    //属性文件,保存数据库服务器配置信息
    public static java.sql.Connection conn;
    //设置属性文件
    public static void setDBProperties(String dbPropertiesFileName)
            throws IOException {
        FileInputStream input = new FileInputStream(dbPropertiesFileName);
        dbProperties = new Properties();
        //System.out.println("xxxx" + input);
        dbProperties.load(input);
    }

    //属性文件保存连接配置信息,通过该文件获得连接
    public static Connection getConnection(String dbPropertiesFileName)
            throws SQLException {
        try {
            FileInputStream input = new FileInputStream(dbPropertiesFileName);
            dbProperties = new Properties();
            System.out.println("xxxx" + input);
            dbProperties.load(input);
        } catch (IOException e) {
            throw new RuntimeException("Error loading database properties", e);
        }
        String url = dbProperties.getProperty("db.url");    //从属性文件中获得 URL
        String username = dbProperties.getProperty("db.username");
        String password = dbProperties.getProperty("db.password");
        String driverName = dbProperties.getProperty("db.driver");
        System.out.println(url + "," + username + "," + password + ","+ driverName);
```

```
        druidDataSource.setDriverClassName(driverName);
        druidDataSource.setUrl(url);
        druidDataSource.setUsername(username);
        druidDataSource.setPassword(password);
        conn = druidDataSource.getConnection();
        System.out.println("---恭喜,连接成功---");
        return conn;
    }


    //把元素为 Wetland 的 ArrayList 集合转换到 wims 数据库中的基本表 wetland_basic
    public static void fromWetlandListToDB(ArrayList<Wetland> wetlandList){
        PreparedStatement preparedStatement = null;
        try {
            //准备 SQL 语句
            String sql = "INSERT INTO wetland_basic (name, location, type, area,
ecologicalValue, protectionLevel, speciesDiversity, description )   VALUES
(?,?,?,?,?,?,?,?)";
            preparedStatement = conn.prepareStatement(sql);
            //遍历 ArrayList 并插入数据
            for (Wetland wetland : wetlandList) {
                preparedStatement.setString(1, wetland.getName());
                preparedStatement.setString(2, wetland.getLocation());
                preparedStatement.setString(3, wetland.getType());
                preparedStatement.setDouble(4, wetland.getArea());
                preparedStatement.setInt(5, wetland.getEcologicalValue());
                preparedStatement.setString(6, wetland.getProtectionLevel());
                preparedStatement.setString(7, wetland.getSpeciesDiversity());
                preparedStatement.setString(8, wetland.getDescription());
                preparedStatement.executeUpdate();
            }

        } catch (SQLException e) {
            e.printStackTrace();
        } finally {
            //4. 关闭连接和 PreparedStatement
            /*
            try {
                if (preparedStatement != null) {
                    preparedStatement.close();
                }
                if (conn != null) {
                    conn.close();
                }
            } catch (SQLException e) {
                e.printStackTrace();
            }
            */
        }
    }
```

```
//把一个 Wetland 对象转换到 wims 数据库中的基本表 wetland_basic
public static void fromWetlandToDB(Wetland wetland) {
    PreparedStatement preparedStatement = null;
    try {
        //准备 SQL 语句
        String sql = "INSERT INTO wetland_basic (name, location, type, area,
ecologicalValue, protectionLevel, speciesDiversity, description ) VALUES
(?,?,?,?,?,?,?,?)";
        preparedStatement = conn.prepareStatement(sql);
        //插入数据
        preparedStatement.setString(1, wetland.getName());
        preparedStatement.setString(2, wetland.getLocation());
        preparedStatement.setString(3, wetland.getType());
        preparedStatement.setDouble(4, wetland.getArea());
        preparedStatement.setInt(5, wetland.getEcologicalValue());
        preparedStatement.setString(6, wetland.getProtectionLevel());
        preparedStatement.setString(7, wetland.getSpeciesDiversity());
        preparedStatement.setString(8, wetland.getDescription());
        preparedStatement.executeUpdate();        //执行插入语句


    } catch (SQLException e) {
        e.printStackTrace();
    } finally {
        //4. 关闭连接和 PreparedStatement
        /*
         * try { if (preparedStatement != null) { preparedStatement.close();
         * } if (conn != null) { conn.close(); } } catch (SQLException e) {
         * e.printStackTrace(); }
         */
    }


}
//从 wetland_basic 表中根据湿地名称删除记录
public static void deleteWetlandFromDB(String wetlandName) {
    PreparedStatement preparedStatement = null;
    try {
        //准备 SQL 语句
        String sql = "DELETE FROM wims.wetland_basic where name=?";
        preparedStatement = conn.prepareStatement(sql);
        //设置需要删除的湿地名称
        preparedStatement.setString(1, wetlandName);
        preparedStatement.executeUpdate();        //执行删除语句


    } catch (SQLException e) {
        e.printStackTrace();
    } finally {
        //4. 关闭连接和 PreparedStatement
        /*
         * try { if (preparedStatement != null) { preparedStatement.close();
         * } if (conn != null) { conn.close(); } } catch (SQLException e) {
```

```
                        *  e.printStackTrace(); }
                        */
            }

    }
        //把结果集转换成 ArrayList 集合
        public static List< Wetland> resultSetToList(ResultSet resultSet) throws
SQLException {
            List<Wetland> wetlandList = new ArrayList<>();
            System.out.println("rs---- row:"+resultSet.getRow());
            while (resultSet.next()) {
                String name = resultSet.getString("name");
                String location = resultSet.getString("location");
                String type = resultSet.getString("type");
                double area = resultSet.getDouble("area");
                int ecologicalValue  = resultSet.getInt("ecologicalValue");
                String protectionLevel = resultSet.getString("protectionLevel");
                String speciesDiversity = resultSet.getString("speciesDiversity");
                String description = resultSet.getString("description");

                Wetland wetland = new Wetland(name, location, type, area, ecologicalValue,
    protectionLevel, speciesDiversity, description);
                wetlandList.add(wetland);
            //   System.out.println("wetland==="+wetland);
            }

            return wetlandList;
        }
        private DBManagementUtil() {                    //私有化构造方法,防止实例化
        }
}


import java.io.File;
import java.io.FileInputStream;
import java.io.FileOutputStream;
import java.io.IOException;
import java.sql.Connection;
import java.sql.PreparedStatement;
import java.sql.ResultSet;
import java.sql.SQLException;
import java.util.*;
import javax.swing.JFileChooser;
import org.apache.poi.ss.usermodel.*;
import org.apache.poi.xssf.usermodel.XSSFWorkbook;

//工具类
public class MainUtil {
    static ResultSet rs = null;
```

```java
    //从 Excel 文件中读取所有湿地信息,保存在 List 集合中
    public static List<Wetland> readExcelFile(String filePath) {
        ArrayList<Wetland> landList = new ArrayList<>();
        FileInputStream fis=null;
        try {
            fis = new FileInputStream(new File(filePath));
            System.out.println("-----------");
            Workbook workbook = new org.apache.poi.xssf.usermodel.XSSFWorkbook
(fis);
            //Workbook workbook = WorkbookFactory.create(fis);
//      System.out.println("999999");
            Sheet sheet = workbook.getSheetAt(0);      //读取第一个工作表
//      System.out.println("000000000000000");
            for (Row row : sheet) {
                if (row.getRowNum() == 0) {
                    //第一行是标题行,跳过它
//          System.out.println("000000000000000");
                    continue;
                }
                String name = row.getCell(0).getStringCellValue();
                                                        //name 在第一列
                String location = row.getCell(1).getStringCellValue();
                                                        //location 在第二列
                String type = row.getCell(2).getStringCellValue();
                                                        //type 在第三列
                double area = (double) row.getCell(3).getNumericCellValue();
                                                        //area 在第四列
                int ecologicalValue = (int) row.getCell(4)
                        .getNumericCellValue();
                                                        //ecologicalValue 在第五列
                String protectionLevel = row.getCell(5).getStringCellValue();
                                                        //protectionLevel 在第六列
                String speciesDiversity = row.getCell(6).getStringCellValue();
                                                        //speciesDiversity 在第七列
                String description = row.getCell(7).getStringCellValue();
                                                        //description 在第八列

                Wetland wetland = new Wetland(name, location, type, area,
                        ecologicalValue, protectionLevel, speciesDiversity,
                        description);

                landList.add(wetland);
            }
            fis.close();
            workbook.close();

        } catch (IOException e) {
            e.printStackTrace();
        }finally{
```

```
        }
        return landList;
    }
    //选择 Excel 文件,返回文件绝对路径信息
    public static String selectExcelFile() {
        JFileChooser fileChooser = new JFileChooser();
        fileChooser.setFileSelectionMode(JFileChooser.FILES_ONLY);
        fileChooser.setAcceptAllFileFilterUsed(false);
        fileChooser
                .addChoosableFileFilter(new javax.swing.filechooser.
FileNameExtensionFilter(
                        "Excel Files", "xls", "xlsx"));
        int returnValue = fileChooser.showOpenDialog(null);
        if (returnValue == JFileChooser.APPROVE_OPTION) {
            File selectedFile = fileChooser.getSelectedFile();
            System.out.println("选择的文件名:" + selectedFile.getAbsolutePath());
            return selectedFile.getAbsolutePath();          //获得导入的 Excel 文件名
        }
        return null;
    }

    public static void showAll() throws SQLException {
        Connection conn = DBManagementUtil
                .getConnection("E:\\Java 实践指导\\mysql.properties");
        String sql = "SELECT * FROM student";
        PreparedStatement ps = conn.prepareStatement(sql);
        rs = ps.executeQuery();
        while (rs.next()) {
            String xh = rs.getString("phone");
            String xm = rs.getString(2);
            String age = rs.getString(4);
            System.out.println(xh + xm + age);
        }
    }
    public static void showList(List<Wetland> list) {
        for (Wetland land : list) {
            System.out.println(land);
        }
    }
    //把 Wetland 的 ArrayList 集合转换成 Excel 文件
    public static void convertWetlandsToExcel(ArrayList < Wetland > wetlands,
String outputFilePath) {
        //创建新的 Excel 工作簿
        Workbook workbook = new XSSFWorkbook();

        //创建新的工作表
        Sheet sheet = workbook.createSheet("Wetlands");

        //创建表头行
        Row headerRow = sheet.createRow(0);
```

```java
        //设置表头
        setHeaderCells(headerRow, "Name", "Location", "Type", "Area", "Ecological
Value", "Protection Level", "Species Diversity", "Description");

        //遍历湿地列表并写入数据
        int rowIndex = 1;
        for (Wetland wetland : wetlands) {
            Row dataRow = sheet.createRow(rowIndex++);
            setCellValue(dataRow, 0, wetland.getName());
            setCellValue(dataRow, 1, wetland.getLocation());
            setCellValue(dataRow, 2, wetland.getType());
            setCellValue(dataRow, 3, wetland.getArea());
            setCellValue(dataRow, 4, wetland.getEcologicalValue());
            setCellValue(dataRow, 5, wetland.getProtectionLevel());
            setCellValue(dataRow, 6, wetland.getSpeciesDiversity());
            setCellValue(dataRow, 7, wetland.getDescription());
        }

        //自动调整列宽
        for (int i = 0; i < sheet.getRow(0).getLastCellNum(); i++) {
            sheet.autoSizeColumn(i);
        }

        //写入 Excel 文件
        try (FileOutputStream outputStream = new FileOutputStream(outputFilePath)) {
            workbook.write(outputStream);
        } catch (IOException e) {
            e.printStackTrace();
        }

        //关闭工作簿
        try {
            workbook.close();
        } catch (IOException e) {
            e.printStackTrace();
        }
    }
//convertWetlandsToExcel 方法中,设置 Excel 的表头
    private static void setHeaderCells(Row row, String... headers) {
        for (int i = 0; i < headers.length; i++) {
            Cell cell = row.createCell(i);
            cell.setCellValue(headers[i]);
        }
    }
//convertWetlandsToExcel 方法中,设置每个单元格的值
    private static void setCellValue(Row row, int columnIndex, Object value) {
        Cell cell = row.createCell(columnIndex);
        if (value instanceof String) {
            cell.setCellValue((String) value);
        } else if (value instanceof Double) {
```

```
                cell.setCellValue((Double) value);
            } else if (value instanceof Integer) {
                cell.setCellValue((Integer) value);
            }
        }
    }
}


//测试类
import java.sql.Connection;
import java.sql.SQLException;
import java.util.ArrayList;
import java.util.List;

public class WetlandSystemMain {
    public static void main(String[] args) throws SQLException {
        String propertiesFileName="E:\\Java 实践指导\\mysql.properties";
        new MainFrame(propertiesFileName);   //启动系统,传入连接数据库的属性文件
    }
}
```

4. 运行结果

（1）湿地基本信息管理主要类如图 8-10 所示，WetlandSystemMain.java 是系统入口类，运行该类首先要求选择一个湿地信息的 Excel 文件，如图 8-2 所示，选择需要导入的湿地信息文件，然后显示主界面，如图 8-1 所示。

（2）单击主界面的"导入"按钮，显示选择文件对话框，选择需要导入的保存湿地信息的 Excel 文件。

（3）单击主界面的"增加"按钮，显示增加湿地信息窗口，如图 8-11 所示，填写湿地信息，然后保存，主界面显示新增加的湿地信息，如图 8-12 所示。

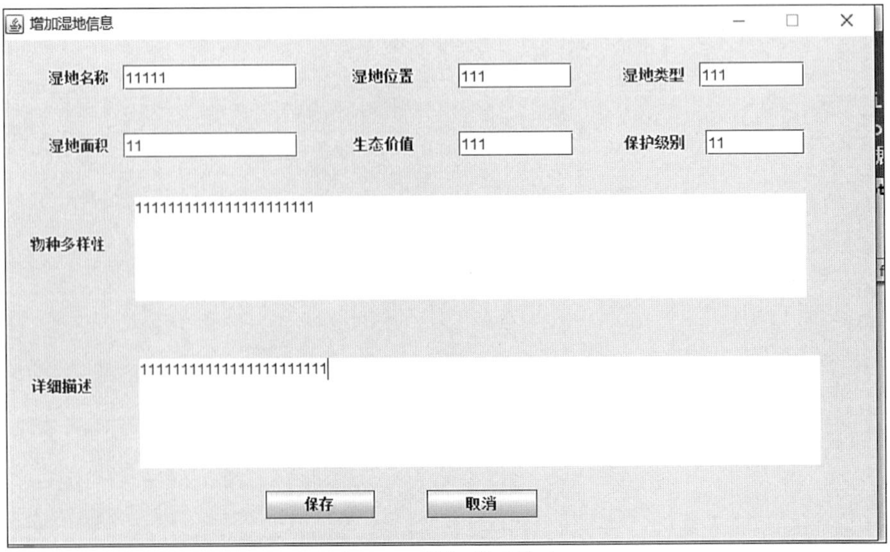

图 8-11　增加湿地信息

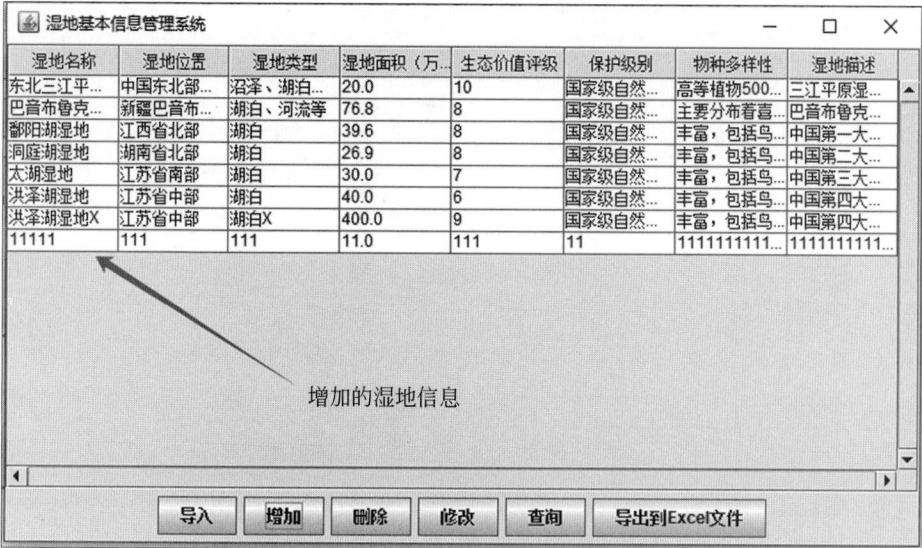

图 8-12 显示增加了湿地信息的主界面

（4）选择主界面需要删除的湿地信息，单击"删除"按钮，主界面删除选择的湿地信息。

（5）选择主界面中需要修改的湿地信息，然后单击"修改"按钮，显示修改界面如图 8-13 所示，不能修改"湿地名称"选项，但可以修改其他信息，单击"保存"，主界面（如图 8-14 所示）显示修改结果。

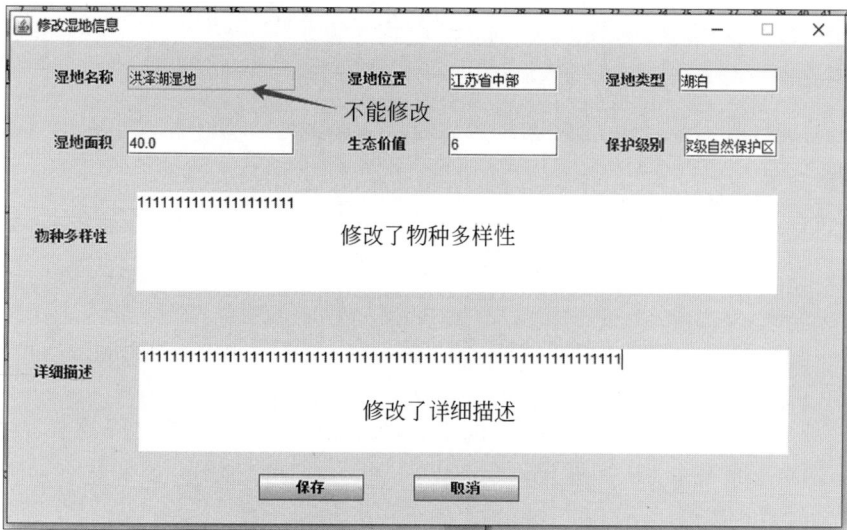

图 8-13 修改湿地信息

（6）单击主界面的"查询"按钮，显示查询窗口，输入需要查询的关键词（如北部），单击"模糊查询"按钮，显示模糊查询结果如图 8-15 所示。

（7）单击主界面的"导出到 Excel 文件"按钮，把 wims 数据库中的 wetland_basic 表的所有记录保存在 Excel 文件中。

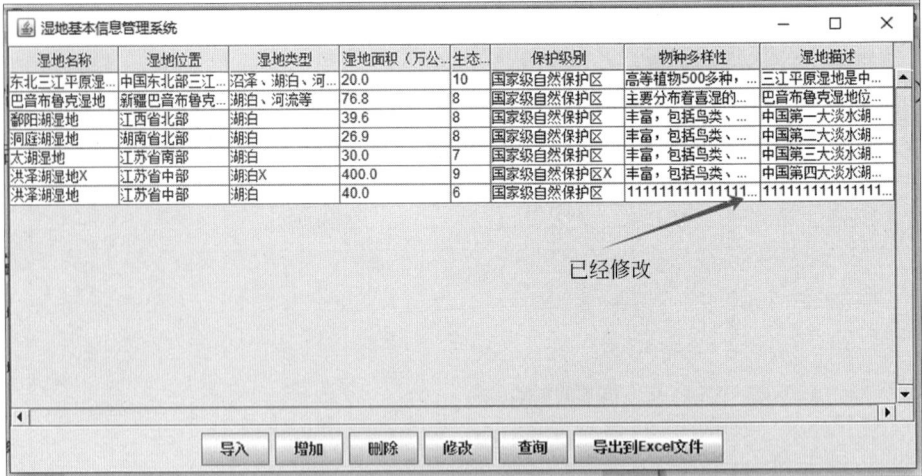

图 8-14　主界面显示修改的湿地信息

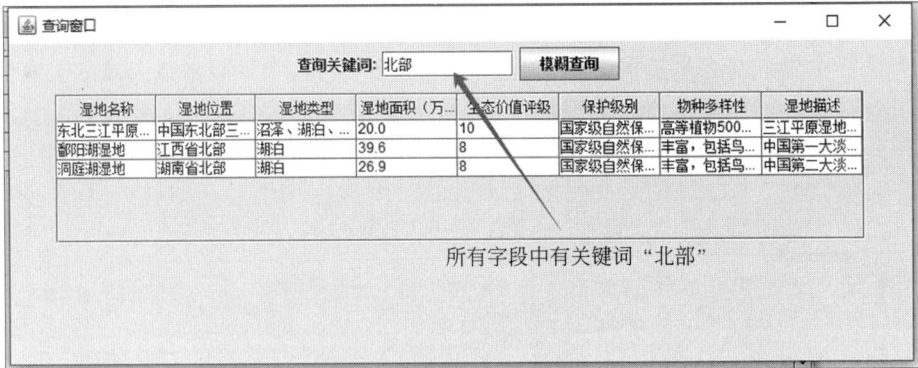

图 8-15　查询湿地信息

8.4　注意事项

（1）JDBC 编程需要与数据库服务器对应的开发工具包，从安全、性能和灵活性等方面考虑，采用 PreparedStatement 接口。

（2）处理 Office 文档需要使用 Apache POI，要注意各.jar 包版本之间的兼容关系，建议在 Apache 网站下载某个 bin 压缩包，如 poi-bin-5.0.0-20210120.zip，如果采用 Maven 项目，需要配置 pom.xml 文件。

（3）本系统的数据在主界面 JTable 组件显示，保存在数据库表 wetland_basic，最终导出 Excel 文件，要保证这 3 个文件中数据的一致性。

8.5　实践任务

任务　茶叶基本信息管理

中国的茶文化源远流长，它是中国传统文化的重要组成部分，代表了中国人独特的审美情趣和智慧。它不仅是一种饮品文化,更蕴含了深厚的哲学思想和人文精神。茶的精神表现为天人合一、自然与生态有机结合、心性修养。茶道成了一种融汇优雅、知性、传统的文化艺术,让人们在茶道中享受宁静致远的精神和身体亲近自然的愉悦感。茶文化的传承和发展对于弘扬中华优秀传统文化、促进人与自然和谐相处具有重要意义。

设计茶叶基本信息管理系统,要求如下。

(1)茶叶基本信息包括名称、类别、原料等级、保存期、产品执行标准、产品生产许可、保存方法、生产公司、生产厂家地址、生产日期、单价(元/50g)等属性,如表 8-1 所示。

(2)建立 Maven 项目。

(3)使用 SQL Server 数据库服务器保存茶叶基本信息,Java 应用程序使用 JDBC 处理数据库服务器中保存的茶叶信息,使用阿里巴巴集团的 Druid 数据库连接池与数据库服务器建立连接。

(4)使用 GUI 展示茶叶基本信息,完成茶叶基本信息的 CRUD 操作。

表 8-1 茶叶信息表

名称	类别	原料等级	保存期	产品执行标准	产品生产许可	保存方法	生产公司	生产厂家地址	生产日期	单价(元/50g)
龙井茶	绿茶	一级	12个月	GB/T 18650—2008	SC123	高温干燥、冷藏保存	某茶叶公司	北京市朝阳区某路某号	2022/10/25	30
红茶(正山小种)	红茶	二级	24个月	GB/T 18650—2009	SC124	高温干燥、常温保存	某茶叶公司(集团)有限公司	上海市静安区某路某号某座某单元某室(近某路)	2019/9/12	40
金骏眉茶(A级)	红茶(新创名茶)	一级半(明前)	18个月(推荐半年内饮用)	GB/T 18650—2010	SC125	高温干燥、冷藏保存(推荐)	福建某茶业有限公司(××茶业集团控股子公司)	福建省福州市晋安区某路某号某座某室(近某路)	2018/10/20	65
金银花茶(特级)	花茶类(花草茶)	二级(含苞待放)	12个月以上(越陈越好)	GB/T 18650—2011	SC126	常温干燥、密封保存	湖南某茶叶有限公司	湖南省长沙市开福区某路某号	2023/12/15	70
六安瓜片茶(特级)	绿茶	二级	24个月	GB/T 18650—2012	SC127	常温干燥、密封保存	浙江某茶叶公司	浙江省杭州市某路某号	2022/11/3	100
碧螺春茶(特级)	绿茶	一级(明前)	18个月	GB/T 18650—2013	SC128	高温干燥、避免常温保存、异味和光照	江苏某茶叶有限公司	江苏省苏州市吴中区某路某号	2023/2/19	90
茉莉花茶(特级)	花茶类(花草茶)	一级(春茶)	12个月	GB/T 18650—2014	SC129	常温干燥、密封保存、避免异味和光照	福建某茶叶有限公司(某某茶业集团旗下全资子公司)	福建省福州市仓山区某路某号某座某室(近某路)	2023/7/16	23
大红袍茶(特级)	红茶(乌龙茶)	一级(明前)	36个月(建议冷藏保存)	GB/T 18650—2015	SC130	高温干燥、冷藏保存、避免异味和光照	福建某茶叶有限公司(福建某某茶业集团旗下全资子公司)	福建省福州市晋安区某路某号某座某室(近某路)	2023/12/20	15
正山小种茶(特级)	红茶(烟熏小种)	一级(春茶)	24个月(建议冷藏保存)	GB/T 18650—2016	SC131	高温干燥、冷藏保存、避免异味和光照	福建某茶叶有限公司(某茶叶有限公司控股子公司)	福建省福州市仓山区某路某号某座某室(近某路)	2023/9/5	12

第9章 多 线 程

9.1 知 识 简 介

线程(Thread)是操作系统能够进行运算调度的最小单位,它被包含在进程中,是进程的实际运作单位,一条线程是进程中一个单一顺序的控制流,一个进程可以并发多条线程,每条线程并行执行不同任务。线程有时被称为轻量级进程(Lightweight Process,LWP),是程序执行流的最小单元。

多线程技术具有提高系统并发性能、提高程序响应性、简化程序逻辑、提高资源利用率和支持异步编程等诸多优点,该技术在网络通信、游戏开发、并行计算、多媒体处理和图形界面程序等多个领域都有广泛应用。

线程生命周期是从新建到销毁的一个动态过程,包含新建、就绪、运行、阻塞、销毁 5 个阶段。线程的状态转换由操作系统的线程调度机制来控制。线程生命周期各状态之间关系如图 9-1 所示。

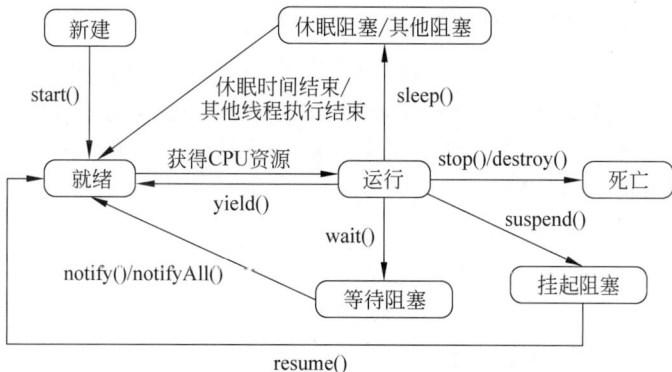

图 9-1   线程生命周期各状态之间关系

(1)新建(new)。创建 Thread 类的一个实例(对象)时,此线程进入新建状态(未被启动)。例如:Thread t1=new Thread()。

(2)就绪(runnable)。线程已经被启动,正在等待被分配的 CPU 时间片,也就是说此时线程正在就绪队列中排队等候得到 CPU 资源。例如:t1.start()。

(3)运行(running)。线程获得 CPU 资源正在执行任务(执行 run()方法),此时除非此线程自动放弃 CPU 资源或有优先级更高的线程进入,线程将一直运行到结束。

(4)阻塞(blocked)。在运行状态时,可能因为某些原因导致运行状态的线程变成了阻塞状态,例如,sleep()、wait()之后线程就处于阻塞状态,这时需要其他机制将处于阻塞状态的线程唤醒,如调用 notify()或 notifyAll()方法。

(5)销毁(dead)。如果线程正常执行完毕后或线程被提前强制性终止或出现异常导致结束,那么线程就要被销毁,释放资源。

Java 支持多线程的技术主要有 3 种方式。第一种是继承 Thread 类,通过继承 Thread 类并重写其 run()方法,可以创建新的线程。第二种是实现 Runnable 接口,Runnable 接口只有一个 run()方法,任何类都可以实现该接口,通过实例化 Runnable 接口的实现类,并将其作为参数传递给 Thread 类的构造方法,可以创建新线程。第三种是使用线程池,Java 中的线程池(如 ExecutorService)是一种更加高级的线程管理方式,通过线程池可以管理和控制线程的生命周期,避免因大量线程的创建和销毁带来的性能开销,线程池的优点是可以有效地管理线程资源,提高系统的响应速度和吞吐量,缺点是如果使用不当可能浪费线程资源,或因线程池的大小设置不合理而影响系统性能。

线程同步指在并发环境中,通过某种机制确保多个线程按照一定的顺序或规则访问共享资源,从而避免数据不一致、死锁、竞态条件等并发问题。线程同步的目的是确保线程之间的协作与有序执行,以保证程序的正确性和稳定性。

线程同步是多线程编程中的关键技术之一,它有助于确保程序的正确性和稳定性,提高并发性能,避免并发问题。线程同步的应用场景非常广泛,包括:①访问共享资源;②避免死锁;③保证操作的原子性;④处理生产者—消费者问题;⑤控制读写锁;⑥线程间的通信。

Java 实现线程同步的方式主要有 synchronized 关键字和 ReentrantLock 类。

synchronized 是 Java 最早的线程同步机制,它可以修饰方法或代码块。当一个线程进入一个 synchronized 方法或代码块时,它必须先获得一个锁(也称为监视器锁)才能执行该方法或代码块。其他尝试进入该方法的线程将被阻塞,直到锁被释放。wait()方法与 notify()或 notifyAll()方法与 synchronized 关键字结合使用,用于实现线程间的通信,wait()方法使当前线程等待,直到其他线程调用 notify()或 notifyAll()方法。

ReentrantLock 是 Java 提供的一个可重入的互斥锁,它拥有比 synchronized 更灵活的特性,如支持中断、可以响应条件变量、支持公平锁等。

下列程序是银行账户之间转账案例,BankAccount 是银行账户,同步方法 withdraw (double amount)用于从当前账户取款,同步方法 transfer(double amount, BankAccount recipient)使当前账户向收款账户 recipient 转账,私有同步方法 deposit(BankAccount ba, double amount)用于向某个账户存款。

```java
//BankAccount 银行账户,包含账户余额和账户名
public class BankAccount {
    private String name;                        //账户名
    private double balance;                     //账户余额
    //构造方法,初始化账户余额
    public BankAccount(String name, double initialBalance) {
        super();
        this.name = name;
        this.balance = initialBalance;
    }

    //withdraw()方法用于从账户中取款,同步方法以确保线程安全
    public synchronized void withdraw(double amount)
            throws InsufficientFundsException {
```

```java
        //检查账户余额是否足够
        if (amount > balance) {
            throw new InsufficientFundsException(this.name+"账户余额不足!");
        }
        //更新账户余额
        balance -= amount;
        //打印取款后的余额信息
        System.out.println(this.name+"取款: " + amount + ", 余额: "+ balance);
    }
    //transfer()方法用于从一个账户转账到另一个账户,它也是同步的
    public synchronized void transfer(double amount, BankAccount recipient)
            throws InsufficientFundsException, NullPointerException {
        //检查收款账户是否为空
        if (recipient == null) {
            throw new NullPointerException("收款账户不能为空!");
        }
        //检查转账金额是否超过账户余额
        if (amount > this.balance) {
            throw new InsufficientFundsException(this.name+"余额不足!");
        }
        //从当前账户扣款
        this.balance -= amount;
        //调用收款账户的 deposit()方法增加余额
        recipient.deposit(recipient,amount);
        //打印转账后的余额信息
        System.out.println("已转账: " + amount
                + ", 发送方"+this.name+"的余额: " + balance);
    }


    //deposit()方法用于向账户存款,同步方法
    private synchronized void deposit(BankAccount ba,double amount) {
        //更新账户余额
        ba.balance += amount;
        //打印存款后的余额信息
        System.out.println("已存入: " + amount + ba.name+"的当前余额: "
                + balance);
    }


    //InsufficientFundsException 是一个自定义异常类,用于处理账户余额不足的情况
    static class InsufficientFundsException extends Exception {
        //构造方法,接受一个错误消息
        public InsufficientFundsException(String message) {
            super(message);
        }
    }
    @Override
    public String toString() {
        return "账户名 " + name + ", 余额=" + balance ;
    }
}
```

Main 类用于测试 BankAccount 的功能,首先创建一个初始余额为 1000 的账户,然后创建并启动一个线程来模拟转账 500 的操作,创建并启动线程从当前账户模拟取款 300 的操作,创建并启动线程来模拟另一个取款 200 的操作,其运行结果如图 9-2 所示。

```java
public class Main {
    public static void main(String[] args) {
        //创建一个初始余额为 1000 的账户
        BankAccount account = new BankAccount("孙悟空",1000);
        //创建并启动一个线程来模拟转账操作
        new Thread(() -> {
            try {
                //从 account 账户转账 500 到另一个新账户
                account.transfer(500, new BankAccount("唐僧",0));
            } catch (Exception e) {
                //打印异常信息
                e.printStackTrace();
            }
        }).start();

        //创建并启动另一个线程来模拟取款操作
        new Thread(() -> {
            try {
                //从 account 账户取款 200
                account.withdraw(200);
            } catch (Exception e) {
                //打印异常信息
                e.printStackTrace();
            }
        }).start();

        //创建并启动第三个线程来模拟另一个取款操作
        new Thread(() -> {
            try {
                //从 account 账户取款 300
                account.withdraw(300);
            } catch (Exception e) {
                //打印异常信息
                e.printStackTrace();
            }
        }).start();
    }
}
```

```
🖵 Console ☒
<terminated> Main (8) [Java Application] D:\Program Files\Java\jdk1.8.0_144\bin\javaw.ex
已存入: 500.0, 唐僧的当前余额: 500.0
已转账: 500.0, 发送方孙悟空的余额: 500.0
孙悟空取款: 300.0, 余额: 200.0
孙悟空取款: 200.0, 余额: 0.0
```

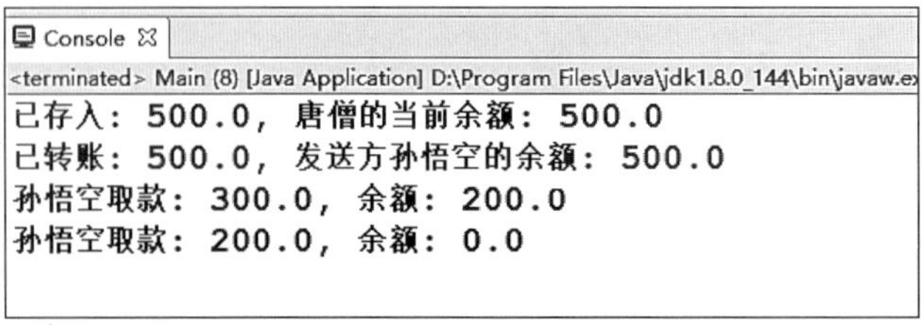

图 9-2　多线程状态下银行账户存取款和转账操作

9.2　实践目的

通过项目实践,加深读者对多线程概念、Java 实现多线程技术、线程同步、线程通信等重要知识的理解。培养读者运用面向对象思维分析多线程处理问题,将现实多线程处理问题转换为面向对象多线程处理模型,并使用 Java 对象编程技术设计和使用多线程技术处理多线程问题的能力。

9.3　实践范例

1. 范例描述

有数字、大写字母和小写字母 3 种符号,现需要按照一个数字、一个大写字母、一个小写字母的顺序输出,并且数字从 0～9,大写字母从 A～Z,小写字母从 a～z 依序循环输出。例如,0Aa1Bb2Cc3Dd4Ee5Ff6Gg7Hh8Ii9Jj0Kk1Ll2Mm 为一个有序交叉输出。可以设置输出符号的总个数,例如,输出符号的总个数为 3 则输出 0Aa;总个数为 5 则输出 0Aa1B。要求使用 synchronized 关键字实现多线程之间的同步。

2. 范例分析

交叉输出符号问题是一个多线程同步问题,使用 synchronized 关键字实现线程同步。

(1) 定义输出符号类 PrintSymbol,该类定义 3 个方法,输出数字 printNumber,大写字母 printUppercaseLetter 和小写字母 printLowercaseLetter,为了保证线程同步,用 synchronized 关键字修饰 3 个方法。为了协调 3 个方法的次序关系(即先调用 printNumber,然后调用 printUppercaseLetter,最后调用 printLowercaseLetter),在 PrintSymbol 类中定义属性 phase 来表示需要打印的符号,例如,phase=0 打印数字,phase=1 打印大写字母,phase=3 打印小写字母,在打印某个符号后,修改 phase。为了实现线程通信,使用 wait() 和 notifyAll() 方法。交叉输出符号问题的 UML 类图结构如图 9-3 所示。

PrintSymbol 类的 printNumber() 方法代码如下,其他方法代码类似。

```
class PrintSymbol{
//省略其他代码
public void printNumber() {
        synchronized (lock) {                    //保证线程同步
            while (phase != 0) {
                try {
                    lock.wait();                  //等待数字打印阶段
                } catch (InterruptedException e) {
                    //System.exit(1);
                    //e.printStackTrace();
                }
            }
            if(currentCount>=this.maxCount)
                                    //如果输出总次数大于要求的最大次数
```

```
                    System.exit(1);
                System.out.print(currentNumber);
                currentNumber=(currentNumber+1)%10;
                currentCount++;                  //输出总次数增加 1
                phase = 1;                       //切换到大写字母打印阶段
                lock.notifyAll();                //通知其他线程
            }
        }
    }
```

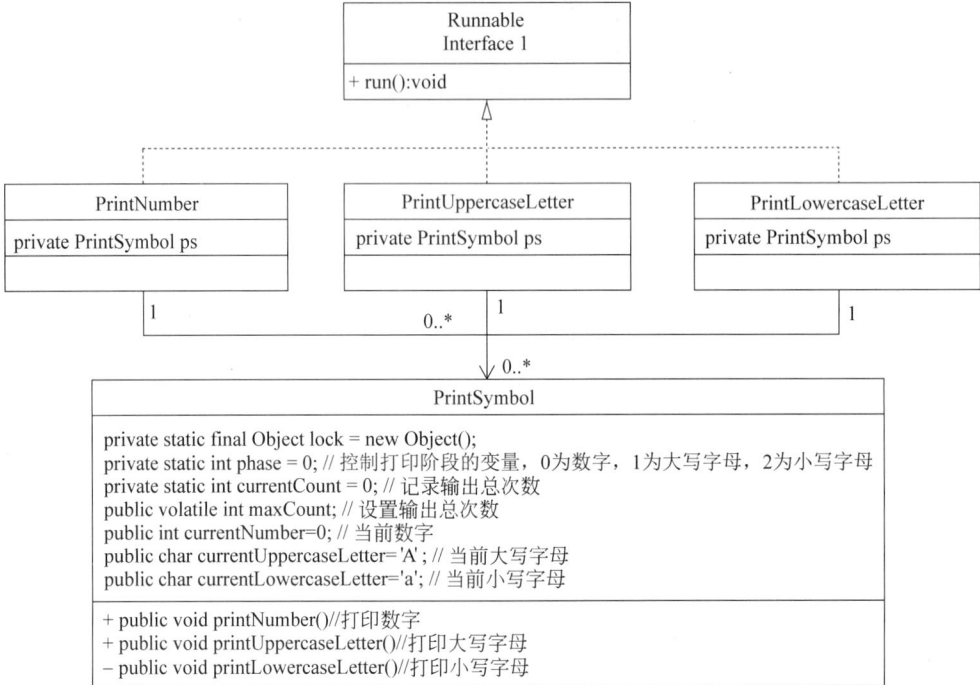

```
                        Runnable
                       Interface 1

                    + run():void
```

PrintNumber	PrintUppercaseLetter	PrintLowercaseLetter
private PrintSymbol ps	private PrintSymbol ps	private PrintSymbol ps

1   0..*   1   1

0..*

```
                        PrintSymbol

private static final Object lock = new Object();
private static int phase = 0; // 控制打印阶段的变量，0为数字，1为大写字母，2为小写字母
private static int currentCount = 0; // 记录输出总次数
public volatile int maxCount; // 设置输出总次数
public int currentNumber=0; // 当前数字
public char currentUppercaseLetter='A'; // 当前大写字母
public char currentLowercaseLetter='a'; // 当前小写字母

+ public void printNumber()//打印数字
+ public void printUppercaseLetter()//打印大写字母
– public void printLowercaseLetter()//打印小写字母
```

图 9-3　交叉输出符号问题的 UML 类结构图

（2）定义 PrintNumber 类实现 Runnable 接口，run（）方法调用 PrintSymbol 的 printNumber（）方法打印数字。

（3）定义 PrintPrintUppercaseLetter 类实现 Runnable 接口，run（）方法调用 PrintSymbol 的 printUppercaseLetter（）方法打印大写字母。

（4）定义 PrintPrintLowercaseLetter 类实现 Runnable 接口，run（）方法调用 PrintSymbol 的 printLowercaseLetter（）方法打印小写字母。

3. 范例代码

交叉输出符号问题的类结构如图 9-4 所示。

```
∨ 🗁 第9章交叉输出符号
    🎵 MainRun.java
    🎵 PrintLowercaseLetterRun.java
    🎵 PrintNumberRun.java
    🎵 PrintSymbol.java
    🎵 PrintUppercaseLetterRun.java
```

图 9-4　交叉输出符号问题的类结构

```
//输出符号类
/**
* 按顺序打印数字、大写字母、小写字母
* 例如,0Aa1Bb2Cc3Dd....
* @author THINK
*   printNumber 方法打印一个数字,
*   printUppercaseLetter 打印大写字母
*   printLowercaseLetter,打印小写字母
*
*   需要设置最大打印符号个数 maxCount
*/
public class PrintSymbol {
    private static final Object lock = new Object();
    private static int phase = 0;                  //控制打印阶段的变量,0 为数字,1 为大
                                                   //写字母,2 为小写字母
    private static int currentCount = 0;           //记录输出总次数
    public volatile int maxCount;                  //设置输出总次数
    public int currentNumber=0;                    //当前数字
    public char currentUppercaseLetter='A';        //当前大写字母
    public char currentLowercaseLetter='a';        //当前小写字母
    public PrintSymbol(int maxCount) {
        super();
        this.maxCount = maxCount;
    }
    public void printNumber(){
            synchronized (lock) {
                while (phase != 0) {
                    try {
                        lock.wait();               //等待数字打印阶段
                    } catch (InterruptedException e) {
                        //System.exit(1);
                        //e.printStackTrace();
                    }
                }
                if(currentCount>=this.maxCount)
                                            //如果输出总次数大于要求的最大次数
                    System.exit(1);
                System.out.print(currentNumber);
                currentNumber=(currentNumber+1)%10;
                currentCount++;                    //输出总次数增加 1
                phase = 1;                         //切换到大写字母打印阶段
                lock.notifyAll();                  //通知其他线程
            }
        }
    public void printUppercaseLetter(){            //打印大写字母
        synchronized (lock) {
            while (phase != 1) {
                try {
                    lock.wait();                   //等待数字打印阶段
                } catch (InterruptedException e) {
```

```
                        //System.exit(1);
                        //e.printStackTrace();
                    }
                }
                if(currentCount>=this.maxCount) //如果输出总次数大于要求的最大次数
                    System.exit(1);
                if((char)currentUppercaseLetter>'Z')
                    currentUppercaseLetter='A';
                System.out.print((char)currentUppercaseLetter);
                currentCount++;                        //输出总次数增加 1
                currentUppercaseLetter=(char)(currentUppercaseLetter+1);
                phase = 2;                             //切换到小写字母打印阶段
                lock.notifyAll();                      //通知其他线程
            }
        }
        public void printLowercaseLetter(){      //打印小写字母
            synchronized (lock) {
                while (phase != 2) {
                    try {
                        lock.wait();                   //等待大写打印阶段
                    } catch (InterruptedException e) {
                        //System.exit(1);
                        //e.printStackTrace();
                    }
                }
                if(currentCount>=this.maxCount) //如果输出总次数大于要求的最大次数
                    System.exit(1);
                if((char)currentLowercaseLetter>'z')
                    currentLowercaseLetter='a';

                System.out.print((char)currentLowercaseLetter);
                currentCount++;                        //输出总次数增加 1
                currentLowercaseLetter=(char)(currentLowercaseLetter+1);
                phase = 0;                             //切换到数字打印阶段
                lock.notifyAll();                      //通知其他线程
            }
        }
    }


//打印小写字母线程
public class PrintLowercaseLetterRun implements Runnable {
    private PrintSymbol ps;

    public PrintLowercaseLetterRun(PrintSymbol ps) {
        super();
        this.ps = ps;
    }

    @Override
    public void run() {
```

```
            while (true) {
                this.ps.printLowercaseLetter();
            }
        }
    }
}

//打印数字的线程
public class PrintNumberRun   implements Runnable{
    private PrintSymbol ps;

    public PrintNumberRun(PrintSymbol ps) {
        super();
        this.ps = ps;
    }
    @Override
    public void run() {
        while(true){
            this.ps.printNumber();
        }
    }
}

//打印大写字母的线程
public class PrintUppercaseLetterRun implements Runnable {
    private PrintSymbol ps;

    public PrintUppercaseLetterRun (PrintSymbol ps) {
        super();
        this.ps = ps;
    }
    @Override
    public void run() {
        while (true) {
            this.ps.printUppercaseLetter();
        }
    }
}
```

4. 运行结果

测试代码如下。

```
public class Main {
    public static void main(String[] args) {
        PrintSymbol ps = new PrintSymbol(3);   //初始化,设置打印的符号个数
        PrintNumberRun pn = new PrintNumberRun(ps);
        PrintUppercaseLetterRun pu = new PrintUppercaseLetterRun(ps);
        PrintLowercaseLetterRun pl = new PrintLowercaseLetterRun(ps);
        new Thread(pn).start();
        new Thread(pu).start();
```

```
        new Thread(p1).start();


    }
}
```

（1）当 PrintSymbol ps ＝ new PrintSymbol(3);语句中参数为 3 时的输出结果如图 9-5
所示。

（2）当 PrintSymbol ps ＝ new PrintSymbol(7);语句中参数为 7 时的输出结果如图 9-6
所示。

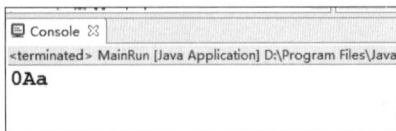

📋 Console ✕	📋 Console ✕
\<terminated\> MainRun [Java Application] D:\Program Files\Java\	\<terminated\> MainRun [Java Application] D:\Program Files\Java\
0Aa	**0Aa1Bb2**

图 9-5　交叉输出 3 个符号的结果　　　　　　图 9-6　交叉输出 7 个符号的结果

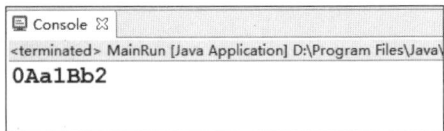

9.4　注　意　事　项

（1）锁的范围。synchronized 关键字的范围应该尽可能地小,以减少锁的竞争和等待
时间,提高系统性能,即只锁定必要的代码块,而不是整个方法。

（2）等待/通知机制。synchronized 关键字可以与 wait( )、notify( )和 notifyAll( )方法
一起使用,以实现线程间的通信。使用这些方法时需要特别小心,因为它们可能导致线程永
久等待或错过通知。

（3）死锁。死锁是多线程编程中常见问题,当两个或更多线程互相等待对方释放资源
时,它们会陷入无限等待状态,导致程序无法继续执行。要避免死锁,可以尝试一次性锁定
所有需要的资源,或按照固定的顺序锁定资源。

9.5　实　践　任　务

任务　长途汽车售票系统

长途汽车客运站是一个为乘坐长途汽车的旅客提供服务的场所,主要包括候车、售票、
检票等功能,它是城市交通体系中的重要组成部分。使用 Java 编写长途汽车售票系统的
GUI,要求如下:

（1）设计售票窗口 GUI,显示当前可售卖的票务信息(可以简化);

（2）设计旅客买票 GUI,显示当前可购买的票务信息(可以简化);

（3）一个客运站有多个售票窗口,每个窗口可售卖同一车次的汽车票;

（4）旅客购买票之后,可以退票;

（5）如果旅客所购买的某个车次的票已无余票,该旅客可等待别人退票;

（6）至少需要模拟 3 个旅客买票,2 个窗口售票;

（7）保证卖票与买票数据的一致性。